Sunil Kinge
Gajanan Bhalerao
Aishwarya Rathod

Efeitos da configuração do terreno e da gestão de resíduos na soja

Efeitos da configuração do terreno e da gestão de resíduos na soja

Sunil Kinge
Gajanan Bhalerao
Aishwarya Rathod

Efeitos da configuração do terreno e da gestão de resíduos na soja

Cultivando a sustentabilidade: Perspectivas da agricultura de conservação

ScienciaScripts

Imprint
Any brand names and product names mentioned in this book are subject to trademark, brand or patent protection and are trademarks or registered trademarks of their respective holders. The use of brand names, product names, common names, trade names, product descriptions etc. even without a particular marking in this work is in no way to be construed to mean that such names may be regarded as unrestricted in respect of trademark and brand protection legislation and could thus be used by anyone.

Cover image: www.ingimage.com

This book is a translation from the original published under ISBN 978-620-6-78428-9.

Publisher:
Sciencia Scripts
is a trademark of
Dodo Books Indian Ocean Ltd. and OmniScriptum S.R.L publishing group

120 High Road, East Finchley, London, N2 9ED, United Kingdom
Str. Armeneasca 28/1, office 1, Chisinau MD-2012, Republic of Moldova, Europe
Printed at: see last page
ISBN: 978-620-7-17186-6

Conteúdo

RECONHECIMENTO

"Não podes acreditar em Deus enquanto não acreditares em ti próprio" ...!

Acredito que Deus colocou dons, talentos e capacidades no interior de cada um de nós. Quando desenvolvemos isso e acreditamos em nós próprios e acreditamos que somos uma pessoa com influência e um objetivo, acredito que podemos sair de qualquer situação.

Isso é o ACREDITAR EM SI MESMO. !!!

-Swami Vivekananda

Muitas vezes, surge o dia em que é preciso dar forma aos sentimentos através de palavras. Por vezes, as palavras tornam-se incapazes de exprimir o sentimento da mente, porque o sentimento do coração está para além do alcance das palavras. No difícil caminho da minha jornada académica, muitas pessoas mostraram o caminho para o sucesso: "Uma empresa bem sucedida não é apenas o esforço de um indivíduo, é também uma criação artística com a ajuda de pessoas eminentes". É com prazer que registo o meu sentimento neste local.

*Aproveito a oportunidade para exprimir o meu profundo sentimento de reverência e profunda gratidão e agradecimento ao meu **Guia de Investigação** e presidente do comité consultivo, **Dr. G. A. Bhalerao,** Professor Associado, Departamento de Agronomia, Vasantrao Naik Marathwada Krishi Vidyapeeth, Parbhani. Como todas as plantas tenras precisam de ser cuidadas e nutridas, ele está sempre presente para mim. Agradeço a sua orientação para a realização deste trabalho de investigação e o seu interesse sustentado, a sua inspiração constante e as suas críticas construtivas.*

*I deem it a great honour and privilege in expressing my sincere gratitude to the members of my advisory committee **Dr. V. B. Awsarmal,**Associate Professor Department of Agronomy,Vasantrao Naik Marathwada Krishi Vidyapeeth, Parbhani, **Dr. A. L. Dhamak,** Professor Associado do Departamento de Ciência dos Solos e Química Agrícola de Parbhani, Vasantrao Naik Marathwada Krishi Vidyapeeth, Parbhani, e o **Dr. R. V. Chavan,** Professor Assistente do Departamento de Economia Agrícola de Vasantrao Naik Marathwada Krishi Vidyapeeth, Parbhani. Economia Vasantrao Naik Marathwada Krishi Vidyapeeth, Parbhani pela sua amável cooperação e ajuda durante o curso da investigação. e finalização do manuscrito desta dissertação.*

*Gostaria de agradecer sinceramente ao honorável Vice-Chanceler **Dr. A. S. Dhawan,** ao **Dr. D. N. Ghokhle,** Diretor de Instrução e Reitor (F/A), e ao admirável **Dr. Syed Ismail,** Reitor Associado e Diretor da Faculdade de Agricultura Vasantrao Naik Marathwada Krishi Vidyapeeth, Parbhani, pela sua amável cooperação e pela disponibilização de instalações e recursos durante o meu programa de pós-graduação.*

*Os meus agradecimentos cordiais a todos os membros do pessoal do Departamento de Agronomia, **Dr. B.***

***V. Asevar,** Chefe do Departamento de Agronomia, **Dr. W. N. Narkhede, Dr. Mirza I. A. B., Dr. M. P. Jagtap, Prof. S. U. Pawar, Prof. J. D. Gaikwad** e outros pela sua ajuda atempada e orientação valiosa durante o período do Programa de Mestrado.*

***P. K. Waghmare,** superintendente da exploração agrícola, e a todo o pessoal e trabalhadores agrícolas do departamento de agronomia, por terem dado sugestões valiosas e ajudado a realizar a experiência com êxito.*

*Atribuo o meu maior respeito e os meus sinceros cumprimentos, do fundo do meu coração, ao meu pai **Late. Shree. Subhash Shardchandra Kinge** pela sua bênção e à minha mãe **Sau. Sunanda Subhash Kinge,** que me deu a vida e me ensinou os conceitos da vida e os esforços dedicados para me educar a este nível com um afeto sem limites. Devo um profundo respeito ao meu querido avô **Shardchandra Kinge e à minha avó Malti Kinge,** bem como aos meus tios e tia **Govind***

***Kinge, Anshumala Govind Kinge, Rajesh Kinge e Bharti Rajesh Kinge** pelo encorajamento constante ao longo da minha carreira, que têm sido uma fonte de inspiração ao longo da minha vida, sem cuja ajuda em todos os domínios da vida, este trabalho não teria sido possível. Um milhão de agradecimentos pelo apoio sólido e pelas vossas palavras de apreço por mim. Curvo-me perante os*

2

seus sacrifícios por mim. A minha querida família é a primeira causa do que sou hoje!

É altura de expressar o meu amor pelos meus entes queridos. Uma gratidão muito especial para as minhas queridas e sempre atenciosas irmãs **Priya Kinge e Pallavi Swapnil Deshmukh e Bhauji Swapnil Deshmukh e** para a **minha querida sobrinha Swara** por me mostrarem raios de esperança sempre que o problema bate à porta. Muito obrigada pelo vosso amor, pelas vossas bênçãos, pelas vossas perspectivas positivas e pela vossa força.

A vida é-nos dada como um produto inacabado e acabará mais cedo do que pensamos. Por isso, cabe-me a responsabilidade de exprimir o meu sincero e cordial sentimento de gratidão pela ajuda infalível prestada pelos meus superiores, **Sra. Sudarshn Sallawar, Sra. Vasim Shaikh, Miss. Shilpa Dhale, Miss. Priyanka Kharche, Sra. Santosh Thombre, Sra. Vijay More, Sra. Sangram Bainade, Sra. Sunil Pawar, Sra. Sudhir Mane, Sra. Samadhan Chopde, Sra. Aniket Patil, Sra. Someshwar, Sra. Swapnil Muneshwar, Sra. Vishal Deshmane, Srta. Smita Jawle, Miss. Pooja More, Miss. Joyti Kambale, Sra. Tukaram Varkhad e outros** para completar este trabalho de investigação. Estou igualmente grato aos meus alunos mais novos, nomeadamente **Akshay Vitalkar, Shubham Kulthe, Mahesh Darule, Santosh Munde, Sachin Dhale, Akash Garad, Jaydip Sirsat e Sharukh shaikh.**

"Assim, aproveito a oportunidade para exprimir o meu profundo sentimento de reverência e gratidão à **Sra. Kuldeep Deshmukh Sir** pela sua orientação versátil e inspiradora e pelos seus conselhos versados durante o meu percurso educativo.

"A minha grandeza não se mede pelo número de pessoas que conheço, mas pelas pessoas que estiveram ao meu lado, não só na felicidade mas também na tristeza, e que me deram alegria e um encorajamento inestimável e que estão omnipresentes na minha vida. As minhas amigas mais próximas e queridas, **Aishwarya Rathod e Priya Shinde**, sem o seu apoio não teriam visto a luz do dia. Em vez de agradecer, desejo-lhes tudo de bom.

Cada batida do meu coração é um milhar de vivas para o meu tesouro inestimável. O meu coração está cheio de alegria e felicidade e agradeço especialmente a **Ashish, Ravindra, Balaji, Dinesh, Rupesh, Vishal** e aos meus queridos amigos que me acompanham e me apoiam fortemente ao longo da vida. Os amigos são uma dádiva de amor. Fazem com que o ontem seja doce de recordar e o amanhã seja um tempo de esperanças e sonhos.

Aproveito também o momento de ouro para agradecer a todos os autores invisíveis que me servem de **"anjo da guarda"**, pois sem a sua literatura não vale a pena trabalhar nestas experiências.

A gratidão abre a plenitude da vida. Por isso, mais uma vez, obrigado a todos e a cada um. Qualquer lacuna nestes breves agradecimentos não significa falta de gratidão. Respeito todas e cada uma das criaturas que estão ao meu lado. Deus tem duas moradas, uma no céu e outra no coração agradecido, por isso os meus sinceros agradecimentos ao Todo-Poderoso, o criador e preservador, por esta vida graciosa, abundante em bondade e bênçãos.

CAPÍTULO I

INTRODUÇÃO

A soja (*Glycine* max (L.) Merrill) é uma cultura leguminosa originária da China e pertence à subfamília das **papilionáceas** e à família **das legumináceas**. É basicamente uma cultura de leguminosas, mas como contém 20% de óleo sem colesterol ganhou importância como cultura de oleaginosas. É conhecida como o "Ouro do Século" devido à facilidade de cultivo, à baixa necessidade de azoto e à elevada relação custo-benefício. A cultura tem grande importância na nutrição humana e animal. A soja é o principal fornecedor de óleo vegetal comestível e de alimentos ricos em proteínas no mundo. É necessária para uma alimentação saudável, uma vez que contém cerca de 40% de proteínas de qualidade, 23% de hidratos de carbono e 20% de óleo sem colesterol. A soja tem propriedades medicinais, nomeadamente no que se refere a doenças coronárias, VIH, cancro da próstata e da mama, doenças renais e diabetes. Atualmente, o país exporta milhões de euros de bagaço de soja não oleado, que é rico em proteínas e aminoácidos.

No mundo, EUA, Brasil, China e Argentina, depois da Índia, ocupam o quinto lugar em área e produção de soja no mundo. Na área da Índia, a produção e a produtividade da soja durante 2018 foram de 108,39 lakh ha, 114,83 lakh milhões de toneladas e 1059 kg ha^{-1} , correspondentemente. Na área de Maharashtra, a produção e a produtividade da soja em 2018 foram de 36,39 lakh ha, 38,35 lakh milhões de toneladas e 1054 kg ha^{-1} , respetivamente. Em Marathwada, a área cultivada com soja foi de 17,40 lakh ha, com uma produção de 18,22 lakh toneladas e uma produtividade de 967 kg ha^{-1} . No distrito de Parbhanid, a área cultivada com soja era de 2,20 lakh ha, com uma produção de 2,28 lakh toneladas e uma produtividade de 1032 kg ha^{-1} (Anónimo, banco de dados SOPA 2018, data de produção 8/05/2019).

A área cultivada com soja está a aumentar em Maharashtra, particularmente nas regiões de Marathwada e Vidarbha, conhecidas como cinturas tradicionais de algodão na Índia. No entanto, a produtividade da cultura é muito baixa em comparação com o potencial das variedades de soja recentemente desenvolvidas. Entre várias razões, a indisponibilidade de sementes de qualidade, a distribuição desigual das monções, o período de seca prolongado e o stress hídrico, as pragas de insectos, etc., são condicionantes da baixa produtividade da soja. Além disso, na Índia, 60% e em Maharashtra 85% da área é de agricultura de sequeiro, pelo que depende dos caprichos da monção. Para além do stress hídrico, por vezes o excesso de precipitação e o alagamento afectam o crescimento e o rendimento das culturas.

Os métodos incorrectos de estabelecimento da cultura da soja são outra razão importante para a baixa produtividade. As configurações do terreno têm uma grande influência no arejamento do solo, na disponibilidade de humidade e na temperatura do solo que, por sua vez, afectam o rendimento e a qualidade da cultura. O sulco em leito largo e o sulco em cumeeira são métodos de cultivo da soja recentemente desenvolvidos na Índia. Por conseguinte, é necessário normalizar a configuração do terreno para a cultura da soja na Índia. Ram e Kler (2007) referiram que o sulco em leito largo proporciona um ambiente favorável ao crescimento e desenvolvimento da cultura da soja em condições de sequeiro. A configuração do terreno é uma ferramenta potencial para a conservação do solo e da humidade. Uma configuração adequada do terreno, como o sistema de leito largo e sulco, sulcos e cumeeiras, aumenta o rendimento das culturas devido ao aumento da infiltração de água no perfil do solo, que fica disponível para as culturas durante as monções prolongadas e controla as crises de água na agricultura através do método "mais cultura por gota". Também diminui a densidade aparente e a resistência à penetração e remove o excesso de água. A perda de rendimento pode ser evitada ou reduzida se uma boa quantidade de água for armazenada no solo durante os dias de chuva e utilizada pela cultura durante o stress hídrico ou período de seca. Ao mesmo tempo, deve ser prevista a drenagem do excesso de água da chuva. Os estudos sobre a gestão do solo para aumentar a produção agrícola revelaram que a utilização de várias modificações das configurações do terreno, como o sulco de leito largo, as cristas e os sulcos para a soja em vertisol, eram superiores ao leito plano e recomendados no desenvolvimento de bacias hidrográficas para a conservação da humidade, bem como para a remoção segura do excesso de água da chuva (Raut *et. al.*, 2000).

Entre as diferentes medidas de conservação, a cobertura morta com palha na superfície do solo para reduzir a taxa de evaporação e desencorajar as ervas daninhas é outra prática de conservação da água na Índia. A combinação da configuração do terreno com a cobertura morta de palha conserva a humidade do solo e melhora a eficiência da utilização da água e o rendimento dos cereais. A cobertura morta orgânica é aplicada para suprimir as ervas daninhas, conservar a humidade do solo, moderar a temperatura do solo e suprimir as doenças das plantas. A cobertura morta de palha ajuda a reter a humidade do solo, a reduzir a temperatura e a conservar o solo, a controlar as ervas daninhas e a aumentar a fertilidade do solo. Os resíduos de culturas são as partes das plantas que permanecem no campo depois de os grãos, tubérculos, raízes, etc. terem sido removidos. Os resíduos de culturas foram, por vezes, considerados como materiais residuais que

mas já se apercebeu de que se trata de recursos naturais principais e não de resíduos.

A reciclagem de resíduos de culturas tem a vantagem de converter os resíduos agrícolas excedentários em produtos valiosos para a recolha de nutrientes para as culturas. Além disso, mantém o estado físico e químico do solo e aumenta o equilíbrio ecológico global do sistema de produção vegetal. As muitas funções dos resíduos de culturas num sistema de produção vegetal diminuem a erosão do solo pelo vento e pela água, fornecem nutrientes às plantas, actuam como cobertura morta para diminuir a taxa de perda de água do solo e alteram a temperatura do solo.

Com a utilização do microrganismo *Trichoderma* sp., os resíduos das culturas, como o lixo da cana, o lixo do arroz, o lixo do trigo e a torta de lama da prensa, podem ser reciclados em composto de boa qualidade, não só ao nível do poço, mas também in situ, o que melhorará a matéria orgânica, juntamente com macro, micronutrientes, condições físico-químicas e biológicas do solo, para além de poupar o ambiente poluído devido à queima de lixo e manter a sustentabilidade da produção agrícola.

Para conservar a maior quantidade possível de água da chuva durante os anos de menor pluviosidade e para superar o excesso de humidade, a fim de melhorar o crescimento e o rendimento da soja, as configurações do terreno, como a cama plana, o sulco de cama larga e as cristas e sulcos, juntamente com a aplicação de resíduos de culturas, desempenham um papel importante. Tendo isto em conta, a presente investigação intitulada **"Estudos sobre a configuração do terreno e a gestão dos resíduos de culturas na soja (*Glycine max* (L.) Merrill)"** foi realizada na exploração experimental, Departamento de Agronomia, VNMKV, Parbhani, com os seguintes objectivos

Objectivos:
1. Estudar o efeito da configuração do terreno e das práticas de gestão de resíduos no crescimento e rendimento da soja.
2. Estudar os aspectos económicos dos diferentes tratamentos.

CAPÍTULO II

REVISÃO DA LITERATURA

Vários cientistas trabalharam para estudar a configuração do terreno e as práticas de gestão dos resíduos das culturas e os seus efeitos no crescimento e rendimento das culturas. As suas conclusões são utilizadas como base para a presente investigação intitulada **"Estudos sobre a configuração do terreno e a gestão dos resíduos de culturas na soja (*Glycine max* (L.) Merrill)"**.

2.1 Efeito da configuração do terreno no crescimento e rendimento da soja.

2.1.1 Efeito da configuração do terreno no crescimento

Pawar (2000) realizou uma experiência em Mahatma Phule Krishi Vidyapeeth, Rahuri, onde estudou o efeito da cobertura vegetal orgânica, da disposição dos campos e da pulverização de fertilizantes foliares no amendoim de verão e registou um maior crescimento do amendoim de verão com a disposição em sulcos de cama larga do que com as outras.

Baskaran *et al.* (2003) estudaram o efeito das técnicas de recolha de água e das práticas de GIP na produtividade do amendoim de sequeiro. Relataram que durante o *kharif* de 1998 e 1999, sob o sistema de cama larga e sulco, foram registadas percentagens de germinação significativamente mais elevadas (78,3 e 81,6), altura da planta (43,1 e 44,7 cm), número de ramos da planta^{-1} (8,01 e 6,17) e número de vagens da planta^{-1} (17,60 e 18,39) pelo amendoim de sequeiro sob cama larga e sulco.

Karande *et al.* (2006) estudaram o efeito da disposição e da integração de nutrientes no rendimento e na absorção de nutrientes do grão-de-bico e registaram que os sulcos e as cristas a 90 cm no grão-de-bico aumentavam a altura das plantas, o número de ramos^{-1} e a acumulação de matéria seca^{-1} do que as restantes disposições.

Rudrawar (2007) efectuou um ensaio de campo no MKV, Parbhani, e concluiu que a variedade de soja MAUS-71 apresentava uma altura de planta significativamente mais elevada, um maior número de folhas funcionais, uma maior área foliar e um maior número de ramos, quando se abria o sulco de duas em duas linhas e quando se abria o sulco de quatro em quatro linhas, em comparação com a sementeira compartimentada e a sementeira plana.

Behera e Sharma (2010) estudaram diferentes configurações do terreno para aumentar a produtividade e a eficiência do controlo de ervas daninhas na soja e registaram que a plantação em camas foi útil para manter uma população de plantas mais elevada e um melhor controlo das ervas daninhas do que a plantação em linhas planas. Assim, a plantação em canteiros é uma boa opção para a sustentabilidade da produtividade da soja, especialmente quando ocorrem chuvas fortes na altura da sementeira.

Jadhav *et al.* (2011) realizaram uma experiência de investigação na estação *kharif* de 2009-10 para estudar o efeito da mecanização com diferentes configurações do terreno na cultura da soja. Eles relataram atributos de crescimento mais elevados da soja no método de sulco de leito largo.

Singh *et al.* (2011) realizaram uma experiência na quinta de investigação da Direção de Investigação da Soja, em Indore, e relataram que a mortalidade da população de plantas na soja com semeadores BBF puxados por trator para versáteis foi reduzida em 1419 por cento em comparação com a cama plana e o aumento do rendimento foi de 18,65 por cento.

Pawar *et al.* (2013) estudaram a influência de diferentes calendários de irrigação e configurações do terreno no crescimento e rendimento do grão-de-bico. Verificaram que a eficiência da utilização da água no campo era máxima, ou seja, 12,37 kg ha^{-1} mm^{-1} com um rácio de 1,0 1 W CPE^{-1} e configurações de terreno em sulcos e camalhões, em comparação com outros tratamentos.

Kadam (2015) realizou uma experiência em Vasantrao Naik Marathwada Krishi Vidyapeeth Parbhani e registou que o cultivo de soja no sistema Broad Bed Furrow (BBF) produziu valores significativamente mais elevados para os atributos de crescimento

Shivran *et al.* (2016) estudaram a produtividade, a eficiência do uso da água e a rentabilidade do grão-de-bico e observaram que a sementeira de grão-de-bico em sulco de leito largo (BBF) foi superior em relação ao número de nódulos, peso fresco dos nódulos em relação ao método de leito plano e de cumeeira.

Jadhav *et al.* (2017) realizaram uma experiência durante a época de verão de 2010-11 na Quinta Agronómica, B. A. College of Agriculture, Anand Agricultural University, Anand, para estudar a resposta do amendoim de verão à configuração do terreno e às coberturas vegetais em condições médias de Gujarat durante a época de verão de 2010-2011. Os investigadores referiram que o método do sulco em leito largo apresentou uma altura de planta significativamente mais elevada aquando da colheita (43,56 cm) e um número de nódulos radiculares por planta aos 45 DAS (16,31), em comparação com os métodos de leito plano e de sulcos.

2.1.2 Efeito da configuração do terreno no rendimento

Jayapaul *et al.* (1996) estudaram o efeito dos métodos de configuração do terreno, dos regimes de irrigação e das alterações de conservação da humidade do solo no rendimento da soja e nos caracteres de qualidade e registaram que o rendimento das sementes de soja era mais elevado quando semeadas em canteiros largos, seguido de camalhões e mais baixo em canteiros planos.

Shelke *et al.* (1998) concluíram uma experiência de campo com amendoim *rabi* durante 1993 e 1995 e verificaram que a produção de vagens não diferia significativamente sob diferentes disposições do terreno, como sulco em leito largo e leito plano. No entanto, foi conseguida uma poupança de água de 15% no sulco em leito largo em relação ao leito plano.

Chavan *et al.* (1999) estudaram a resposta do amendoim *kharif* à irrigação e aos esquemas de plantação. Verificaram que a sementeira do amendoim em canteiros e sulcos largos dava maior rendimento do que a sementeira em sulcos e em canteiros planos.

Tumbare e Bhoite (2003) concluíram uma experiência de campo para estudar o efeito das técnicas de conservação da humidade no crescimento e no rendimento da sequência de culturas de milho-miúdo e grão-de-bico numa bacia hidrográfica. Verificaram que o método de sementeira por sulcos e camalhões apresentava um maior rendimento de grão de milho-miúdo e de grão-de-bico, que era 38,15 e 23,78 por cento superior ao método de sementeira em cama plana.

Kantwa *et al.* (2005) estudaram o efeito da configuração do terreno, da irrigação pós-monção e do fósforo no desempenho de uma única cultura e de culturas intercalares. Registaram que a plantação em canteiros largos e em sulcos e a irrigação pós-monção com uma relação de 0,4 IW:CPE melhoram os atributos de rendimento da ervilha-de-angola sob plantação plana e ervilha-de-angola não irrigada, o que é importante para um aumento semelhante no rendimento de grãos da ervilha-de-angola em 10%.

Nagavallemma *et al.* (2005) efectuaram um ensaio no ICRISAT, Hyderabad, para estudar o efeito da forma do terreno e da profundidade do solo no desempenho do sistema de cultivo à base de soja. Observaram que a soja seguida de grão-de-bico cultivada em sulco de leito largo (BBF) em solo de profundidade média produzia maior rendimento em comparação com a forma de terra plana em solos de profundidade média.

Patel *et al.* (2009) realizaram uma experiência em Navasari para estudar o efeito da irrigação e da configuração do terreno no crescimento, rendimento e qualidade do grão-de-bico no Vertisol do Sul de Gujarat (Navasari). Registaram que a irrigação da cultura a uma razão de 0,8 IW/CPE com o método de sementeira em camalhões e sulcos proporcionou uma produção de sementes e palha significativamente mais elevada e uma melhor qualidade do grão-de-bico.

Bharti *et al.* (2009) realizaram uma experiência sobre o efeito da cobertura vegetal e da configuração do terreno no crescimento e rendimento da soja. Verificaram que o rendimento de grãos de soja foi significativamente mais elevado em sulcos e camalhões (1902,35 kg ha^{-1}) em comparação com a abertura de sulcos após cada duas linhas (1755,33 kg ha^{-1}) e com o tratamento de cama plana (1480,71 kg ha^{-1}).

Patil *et al.* (2010) realizaram uma experiência no Departamento de Agronomia do Dr. PDKV, Akola, durante a estação *Kharif* de 2006, para estudar o efeito da cobertura vegetal e da configuração do terreno na eficiência da utilização da humidade e no rendimento da soja. Os resultados indicaram que os camalhões e os sulcos registaram um rendimento significativamente mais elevado de soja em comparação com outros tratamentos.

Paliwal *et al.* (2011) realizaram uma experiência sobre o sistema de cultivo de trigo-soja em KVK, Indore, durante as estações pós-chuvas de 2007-08 e 2008-09. Relataram que a plantação em leito largo ou configuração de cumeeira e sulco e a adoção de uma abordagem integrada para a gestão de nutrientes, a produtividade do sistema de cultivo de soja-trigo em vertisoles de Madhya Pradesh pode ser economicamente aumentada com a redução das despesas em 25% na gestão de nutrientes.

Foi realizada uma experiência sobre o impacto da configuração do terreno, da irrigação de salvação e da cultura intercalar no rendimento e na economia das principais culturas de sequeiro na zona sul de Telangana, em Andhra Pradesh (Krishna e Ramanjaneyulu, 2012). Os resultados indicaram que o sistema de cumeeira e sulco ou de sulco morto contribui para aumentar o rendimento principalmente num ano de seca do que num ano normal.

Waghmare *et al.* (2013) realizaram uma experiência com um cultivador de entrelinhas no método de sementeira por sulcos em leito largo para as culturas *Kharif*. Verificaram que o método de sementeira BBF era mais prático e fiável do que o método tradicional de sementeira, o que se traduziu num rendimento elevado e na mecanização selectiva da exploração agrícola.

Khambalkar *et al.* (2014) realizaram uma experiência no departamento de Energia e Maquinaria Agrícola, Dr. Punjabrao Deshmukh Krishi Vidyapeeth Akola, sobre o desempenho da semeadora de sulcos de leito largo na estação de inverno de culturas de sequeiro e relataram um aumento do rendimento de 12,50% e 10,71% no grão-de-bico e no cártamo, respetivamente, utilizando a semeadora BBF em comparação com o método tradicional de sementeira em leito plano.

Kadam (2015) conduziu uma experiência em Vasantrao Naik Marathwada Krishi Vidyapeeth Parbhani e registou que o cultivo de soja no sistema Broad Bed Furrow (BBF) produziu valores significativamente mais elevados para o carácter de atribuição de rendimento, rendimento de sementes e GMR, NMR e RWUE.

Jadhav *et al.* (2017) realizaram uma experiência de campo durante o verão de 2010-11 na Quinta Agronómica, B. A. College of Agriculture, Universidade Agrícola de Anand, Anand, para estudar a "Resposta do amendoim de verão (*Arachis hypogaea* L.) à configuração do terreno e às coberturas vegetais em condições médias de Gujarat" durante o verão de 2010-2011. Verificaram que a percentagem de descasque (65,50 %), o peso de 100 grãos (42,31 g) e o maior número de vagens por planta na colheita (18,23), o rendimento máximo de vagens secas ha^{-1} foi mostrado no método de sulco de leito largo (17,11 q ha^{-1}) seguido de leito plano (16,94 q ha^{-1}) e método de sulco de cristas (15,51 q ha^{-1}).

Foi realizada uma experiência de campo durante 2016-17 e 2017-18 no Departamento de Agronomia, Vasantrao Naik Marathwada Krishi Vidyapeeth, Parbhani, para estudar o desempenho da sequência de cultivo de soja-cártamo sob diferentes configurações do terreno e gestão de nutrientes (Bhadre *et al.*, 2019). Eles observaram que o método de plantio em sulcos de leito largo foi mais eficiente para aumentar o rendimento e atribuir caracteres de rendimento, ou seja, número de vagens / planta (28,25), peso de vagens / planta (9,85 g) e peso de sementes / planta (8,04) e rendimento de sementes (2202 kg / ha) do que o plantio em leito plano, mas estava em pé de igualdade com as cristas e sulcos.

2.1.3 Efeito das práticas de gestão dos resíduos de culturas no crescimento

Dubey *et al.* (1993) realizaram uma experiência sobre a influência da cobertura morta na dupla cultura de soja precoce e linhaça em condições de sequeiro. Observaram que, na soja, a cobertura morta de palha de trigo retinha muito mais humidade no solo (29,8 mm) do que a ausência de cobertura morta (23,6 mm). O tratamento com cobertura morta registou uma utilização mínima de humidade (292,75 mm) em comparação com o tratamento sem cobertura morta (299,93 mm).

Steiner (1994) efectuou uma experiência sobre os efeitos dos resíduos de culturas na conservação da água. O resultado indicou que as duas principais práticas de gestão de resíduos utilizadas com Trigo - Sorgo - Pousio são o plantio direto de restolho (SM) e o plantio direto (NT). Ambas as práticas de conservação da água diminuem a evaporação e aumentam o armazenamento da precipitação através da retenção de resíduos na superfície do solo.

Chen XiJing e ShuiJianGuo (1996) realizaram uma experiência sobre os efeitos da cobertura morta durante o período seco na retenção da humidade do solo, na emergência de plântulas e no rendimento da soja de outono. Concluíram que a cobertura morta com palha de arroz melhorou o teor de humidade do solo a 20 cm de profundidade em 2,6% e aumentou a emergência de plântulas de soja para >80%.

Gajera *et al.* (1998) realizaram uma experiência sobre o efeito do calendário de irrigação, profundidade de lavoura e cobertura vegetal no crescimento da ervilha-de-angola de inverno. Descobriram que, na ervilha-de-angola, o consumo de água é menor com o uso de cobertura morta de palha de cana-de-açúcar (193,5 mm) em comparação com a ausência de cobertura morta (227,5 mm). A cobertura morta com palha de cana-de-açúcar observou a maior eficiência de utilização da humidade (6,35 kg/ha-mm) em relação ao tratamento que apresentou a menor (5,06 kg/ha-mm).

Sekhon *et al.* (2005) estudaram a resposta da soja à cobertura morta com palha de trigo em diferentes épocas de cultivo. Relataram que a cobertura morta de palha de trigo teve uma influência significativa na temperatura do solo, no crescimento e no rendimento da soja. Observou-se que a cobertura morta diminuiu a temperatura do solo em 2,8-6,9^0 c e 1.4 a 12,7^0 c durante as épocas de cultivo de 2000 e 2001, respetivamente. A cobertura morta tem um efeito benéfico na nodulação da soja. A massa de nódulos foi aumentada em 8-220% em diferentes épocas de cultivo. Em meados de junho, o rendimento da semente semeada aumentou com a cobertura morta em 41,0 e 68,2% durante as épocas de colheita de 1999 e

2002.

Bharti *et al.* (2009) realizaram uma experiência sobre o efeito da cobertura vegetal e da configuração do terreno no crescimento e no rendimento da soja. Os resultados mostraram que caracteres de crescimento como a área foliar da planta^{-1} (dm^2) e o número de ramos da planta^{-1} foram significativamente influenciados por diferentes tratamentos de cobertura morta e configuração do terreno.

Singh (2009) realizou uma experiência sobre os efeitos da palha de trigo e da cobertura morta de estrume de curral na superação do efeito de crosta, melhorando a emergência, o crescimento e o rendimento da soja, tendo demonstrado que, sob precipitação simulada, a emergência da soja não só foi precoce como também melhorou com a cobertura das linhas com 3 t de palha de trigo ha^{-1} e 5 t de estrume de curral ha^{-1}, em vez da não utilização de cobertura morta. Sob chuva natural, a emergência aumenta substancialmente com o uso de cobertura morta de palha de trigo quando apenas as linhas de soja foram cobertas com ela usando 3t de cobertura morta de palha ha^{-1} (cobertura morta em linha) ou toda a parcela foi coberta usando 6t de cobertura morta de palha ha^{-1}.

Wei *et al.* (2010) realizaram uma experiência sobre o efeito do plantio direto e da cobertura morta com palha no crescimento da soja. Relataram que a soja nas parcelas com cobertura morta de palha, a altura da planta, o número de vagens por planta melhorou. O lucro económico máximo foi dado pelas parcelas com cobertura morta de palha e lavoura.

Shelar e Khandekar (2013) realizaram uma experiência de campo na quinta do Departamento de Agronomia, Dr. Panjabrao Deshmukh Krishi Vidyapeeth, Akola, durante a estação *Kharif* de 2005. Observaram que a aplicação de cobertura morta de palha de soja apresentou parâmetros de crescimento máximos, *nomeadamente* altura da planta, matéria seca da planta^{-1} e número de nódulos da planta^{-1}.

Jadhav *et al.* (2017) efectuaram um ensaio de investigação durante a época de verão de 2010-11 na Quinta Agronómica, B. A. College of Agriculture, Universidade Agrícola de Anand, Anand, para estudar a "Resposta do amendoim de verão (*Arachis hypogaea* L.) à configuração do terreno e às coberturas vegetais em condições médias de Gujarat". Descobriram que a aplicação de cobertura morta de palha de arroz @ 5 t ha^{-1} mostrou uma altura de planta significativamente mais elevada na colheita, número de nódulos radiculares por planta do que a aplicação de casca de milheto pérola @5 t ha^{-1} e talo de milho picado @5 t ha^{-1}.

Hanum (2018) realizou um ensaio de pesquisa sobre crescimento, rendimento e movimento de nutrientes fosfatados na soja com fertilizante P, cobertura morta de palha e diferença de espaçamento entre plantas. Eles observaram que a cobertura morta com uma espessura de 5 cm aumentou o volume da raiz devido à alta umidade no solo e também aumentou o crescimento da raiz e maior peso seco da parte aérea em comparação com o tratamento sem cobertura morta.

2.1.4 Efeito das práticas de gestão dos resíduos de culturas no rendimento

Maan e Singh (2009) realizaram uma experiência sobre os efeitos benéficos da cobertura morta na cultura da soja. O resultado observou que a técnica de cobertura morta reduz o problema da formação de camadas de crosta, mantendo a humidade adequada do solo durante um maior número de dias e o rendimento da cultura da soja foi registado como sendo superior em 1,0 qt acre^{-1} do que a sementeira normal, adoptando a cobertura morta.

Patil *et al.* (2010) realizaram uma experiência sobre o efeito da cobertura vegetal e da configuração do terreno na utilização da humidade, na eficiência da utilização da humidade e no rendimento da soja. Observaram um efeito significativo de diferentes configurações do terreno no rendimento de grãos de soja. A cobertura morta de palha de trigo a 5t ha^{-1} registou o maior rendimento de sementes (1855,09 kg ha^{-1}), que foi significativamente superior ao tratamento sem cobertura morta.

Arora *et al.* (2011) realizaram uma experiência sobre os efeitos da irrigação, da lavoura e da cobertura morta no rendimento da soja e na produtividade da água em relação à textura do solo. Eles estudaram o efeito da cobertura morta (cobertura morta de palha de trigo @ 6 t ha^{-1}) no rendimento da soja e na produtividade da água em dois tipos de solo franco-arenoso e solo arenoso. Observaram um maior rendimento de sementes em ambas as texturas de solo sob tratamento com cobertura morta, em comparação com a ausência de cobertura morta. A produtividade da água foi superior em parcelas com cobertura morta, tanto em solo franco-arenoso como em solo franco-arenoso, em comparação com a ausência de cobertura morta.

Obalum *et al.* (2011) realizaram um ensaio de campo para estudar o efeito da cobertura morta na resposta do rendimento do grama de soja e no uso da água no SE Nigéria. Compararam o tratamento com mulch com o tratamento sem mulch. O material de cobertura utilizado foi folhas secas de Paspohon notatun @ 5 t ha^{-1} . Registaram que o tratamento com cobertura morta resulta num rendimento mais elevado do que sem cobertura morta em 14% no primeiro ano, 24% no segundo e 20% no terceiro ano, respetivamente. Isto deveu-se a um maior armazenamento de água no solo sob o mulch e a uma melhor conservação da humidade sob o mulch. A WUE foi registada significativamente mais elevada sob a cultura de mulch no segundo e terceiro ano, em comparação com a cultura sem mulch. A WUE foi 37% mais elevada no caso da parcela com cobertura morta no segundo ano e 30% no terceiro ano, respetivamente, em comparação com a parcela sem cobertura morta.

Sundermeier *et al.* (2011) realizaram uma experiência sobre os impactos contínuos do No-Till no sequestro de carbono biofísico do solo. Eles estudaram o efeito da lavoura e do retorno de resíduos de culturas na comunidade microbiana do solo. Observaram que o plantio direto comparado ao plantio conservacionista minimiza a perturbação física do solo com enriquecimento de matéria orgânica na superfície do solo, proporcionando uma condição ambiental mais útil para a biota do solo.

Shelar e Khandekar (2013), durante uma experiência de campo realizada na quinta do Departamento de Agronomia, Dr. Panjabrao Deshmukh Krishi Vidyapeeth, Akola, durante a estação *Kharif* de 2005, observaram que a aplicação de cobertura morta de resíduos de grama verde registou o maior rendimento de sementes e palha de soja do que outros tratamentos.

Das *et al.* (2015) realizaram uma experiência sobre o efeito da mobilização do solo e da cobertura morta de resíduos na produtividade do sistema de cultivo de milho (*Zec mays*)-Toria (*Brassica campestris*) no ecossistema frágil do nordeste dos Himalaias indianos. Observaram que a gestão integrada de resíduos de culturas e biomassa de ervas daninhas sob zero até melhorou a humidade favorável do solo para apoiar a dupla cultura com alto rendimento no sistema ecológico das colinas do nordeste dos Himalaias indianos.

Jamir *et al.* (2015) realizaram um experimento de campo durante a estação *kharif* de 2012, 2013 e 2014 na fazenda experimental do Departamento de Química Agrícola e Ciência do Solo, SASRD, Medziphema para estudar o efeito de antitransparentes e coberturas vegetais no rendimento e na qualidade da soja. Eles observaram que a aplicação de cobertura morta de palha @ 5 toneladas ha^{-1} resultou em um teor significativamente maior de N, P e K no grão, teor de proteína da semente, semente, palha e rendimento biológico e índice de colheita.

Jadhav *et al.* (2017) realizaram uma experiência de campo durante época de verão de 2010-

11 na Quinta Agronómica, B. A. College of Agriculture, Anand Agricultural University, Anand, para estudar a "Resposta do amendoim de verão (*Arachis hypogaea* L.) à configuração do terreno e às coberturas vegetais em condições médias de Gujarat". Verificaram que a aplicação de cobertura morta de palha de arroz @ 5 t ha^{-1} mostrou um rendimento significativamente mais elevado de vagens (18,91 ha^{-1}), rendimento de caules (36,34 ha^{-1}), índice de colheita (34,41) e foi igual à casca de milho-miúdo @ 5 t ha^{-1} e ao caule de milho picado @ 5 t ha^{-1} .

Li *et al.* (2018) realizaram uma experiência sobre a procura de práticas de mobilização sustentável a longo prazo e de cobertura morta com palha para um sistema de rotação milho-trigo de inverno-soja no Planalto de Loess da China. Observaram o efeito das práticas de mobilização sustentável a longo prazo e de cobertura morta da palha para um sistema de rotação milho-trigo de inverno-soja com cobertura morta da palha residual que aumentou significativamente o carbono orgânico do solo nos perfis superficiais e profundos do solo e melhorou o rendimento das culturas.

Pradhan *et al.* (2018) realizaram um ensaio de campo durante a estação *Rabi* na quinta de investigação agro meteorológica da Faculdade de Agricultura, Universidade de Agricultura e Tecnologia de Orissa, Bhubaneswar, para estudar o efeito da irrigação e da cobertura morta na produtividade do amendoim (*Arachis hypogaea* L.). Eles observaram que a cobertura morta com FYM @ 5t/ha deu o maior número de vagens/planta (14,8), peso seco de vagens/planta (14,5gm), número de sementes/planta (22,3), peso seco de sementes/planta (10,3gm), peso fresco de vagens/ha (2303kg/ha), rendimento (1124kg/ha), rendimento biológico (8505kg/ha) e índice de colheita (13,45%).

2.2 Estudar os aspectos económicos dos diferentes tratamentos

Jayapaul *et al.* (1996) realizaram uma experiência sobre o efeito dos métodos de configuração do terreno, regimes de irrigação e alterações de conservação da humidade do solo no rendimento da soja e nos caracteres de qualidade. Observaram que a soja semeada em BBF obteve os maiores retornos monetários líquidos e a relação B: C em relação ao sulco de cumeada e ao controlo.

Patil *et al.* (2000) realizaram uma experiência sobre o rendimento de grãos e a economia do sorgo Rabi, influenciados por práticas de conservação de humidade in situ e gestão integrada de nutrientes em Vertisols semi-áridos. Observaram que a compartimentação e os sulcos em camalhões aumentavam os rendimentos líquidos em 50 (Rs. 4.419 ha^{-1}) e 51 (Rs. 4.450 ha^{-1}) por cento, respetivamente, em relação ao controlo (Rs. 2.942 ha^{-1}).

Pendke *et al.* (2000) efectuaram uma experiência sobre a gestão da conservação da água da chuva no algodão com várias técnicas de conservação da água in situ em Parbhani Maharashtra durante 1996-1998. Observaram que a BBF reduziu o escoamento superficial e a perda de solo com retornos monetários do que a cama plana.

Dwivedi *et al.* (2002) efectuaram uma experiência sobre a distribuição espacial da estação das chuvas em Madhya Pradesh para aumentar a produtividade e minimizar a degradação das terras. Segundo estes autores, a adoção de sistemas adequados de configuração das terras contribuirá para aumentar o rendimento dos agricultores, evitando a degradação das terras devido ao escoamento superficial e à erosão em Madhya Pradesh.

Jat e Singh (2003) efectuaram uma experiência sobre a aptidão varietal, a produtividade e a rentabilidade das culturas intercalares de trigo (espécies *Triticum*) e das culturas de alternância em sistema de canteiros elevados irrigados por sulcos. Observaram que o rendimento líquido e bruto do tratamento de configuração do terreno era mais elevado do que o do sistema convencional.

Khambalkar *et al.* (2010) realizaram um ensaio de campo sobre a sementeira mecânica de cártamo em sulcos de leito largo e compararam o desempenho da sementeira BBF com o método de sementeira tradicional no que respeita ao custo de operação. Observaram que, no método de sementeira BBF, o custo de operação era mais baixo do que no método de sementeira tradicional e que a utilização do método BBF na sementeira de cártamo poupava cerca de 58% do custo de operação em relação ao método tradicional.

Krishna e Ramanjaneyulu (2012) realizaram um ensaio sobre o impacto da configuração do terreno, da irrigação de salvação e da cultura intercalar no rendimento e na economia das principais culturas de sequeiro na zona sul de Telangana de Andhra Pradesh, na Índia. Observaram que o método de cumeeira e sulco proporcionava um rendimento líquido adicional em relação aos métodos de sulco morto e de leito plano na configuração do terreno para a rícino e a grama vermelha.

Lakpale e Tripathi (2012) realizaram uma experiência em Raipur sobre o método de sementeira em sulco e em cumeeira e sulco com diferentes taxas de sementes de soja (*Glycine max* L) em zonas de elevada pluviosidade das planícies de Chhattisgarh. Observaram que o retorno económico (retorno líquido-22.880 e rácio CB-2,57) foi mais elevado na plantação em cumeeira e sulco.

Meena e Karel (2013) realizaram uma experiência sobre o efeito da disposição do terreno e da profundidade da irrigação no cártamo. Observaram que o rendimento máximo de sementes e o retorno líquido monetário mais elevado (14332 ha^{-1}) foram obtidos através da adaptação do método de sementeira em camalhões e sulcos.

Kadam (2015) realizou uma experiência sobre o efeito da disposição dos terrenos e dos níveis de nutrientes no crescimento, rendimento e qualidade da soja (*Glycine max* L. Merrill) em condições de sequeiro. O resultado indica que a cultura de soja semeada em sulco de leito largo obtém retornos monetários brutos e líquidos superiores com a relação B: C em BBF em comparação com leito plano e sulcos e sulcos.

Kamble *et al.* (2016) implementaram uma experiência durante as estações chuvosas (*kharif*) de 2013 a 2015 em solos lateríticos ácidos em Konkan para estudar o efeito da configuração do terreno e da cobertura morta na eficiência da utilização dos recursos e na produtividade do amendoim. Eles registaram que o amendoim semeado no método de leito largo e sulco deu retornos líquidos máximos (Rs. 17.597ha^{-1}) e relação benefício: custo (1,23).

Bhadre *et al.* (2019) realizaram experiências de campo durante 2016-17 e 2017-18 no Departamento de Agronomia, Vasantrao Naik Marathwada Krishi Vidyapeeth, Parbhani, para estudar o desempenho da sequência de cultivo de soja-cártamo sob diferentes configurações de terras e gestão de nutrientes. Observaram que o método de plantação em sulcos de leito largo com a aplicação de 30:60:30:30 NPKS kgha^{-1} + 20 kg Zn SO4 + 5 t FYM ha^{-1} à soja e ao cártamo durante as épocas de *kharif* e *rabi* registou rendimentos monetários líquidos significativamente mais elevados do que outros tratamentos durante ambos os anos de estudo.

Jadhav *et al.* (2017) realizaram uma experiência de campo durante a época de verão de 2010-11 na quinta de agronomia, B. A. College of Agriculture, Anand Agricultural University, Anand, para estudar a "Resposta do amendoim de verão

(*Arachis hypogaea* L.) à configuração do terreno e coberturas vegetais em condições médias de Gujarat" durante a época de verão de 2010-2011. Verificaram que o rendimento monetário líquido era mais elevado no método do sulco em leito largo, seguido do método do sulco em leito plano e em sulcos.

CAPÍTULO III

MATERIAIS E MÉTODOS

Os detalhes dos materiais utilizados e das técnicas adoptadas durante o curso da investigação sobre a soja, intitulada **"Estudos sobre a configuração do terreno e a gestão dos resíduos de culturas na soja (*Glycine max* (L.) Merrill)"**, foram apresentados neste capítulo.

3.1 Descrição geral

3.1.1 Local experimental

A experiência foi realizada no campo, na PG Research Farm do Departamento de Agronomia, Vasantrao Naik Marathwada Krishi Vidyapeeth, Parbhani, durante a época de *kharif* de 2019.

3.1.2 Solo

O solo era preto de profundidade média e bem drenado. A topografia do campo experimental era bastante uniforme e nivelada. Foram colhidas aleatoriamente amostras de solo até 30 cm em diferentes locais do campo antes do início da experiência durante a *Kharif* 2019 e foi preparada uma amostra composta de solo, que foi analisada em relação a várias propriedades físico-químicas do solo.

Os resultados da análise do solo (Quadro 1) revelaram que o solo da parcela experimental era de textura argilosa, com baixo teor de azoto disponível, médio teor de fósforo disponível, elevado teor de potássio disponível e reação ligeiramente alcalina.

Quadro 1: Propriedades físico-químicas do solo compósito

Sr. Não.	Particularidades	Valor (%)	Método utilizado	Referência
I	**Composição mecânica**			
A	Areia grossa	6.60	Método internacional de pipetas	Piper, 1966
B	Areia fina	10.56		
C	Silte	21.51		
D	Argila	53.60		
II	**Composição química**			
A	Carbono orgânico (%)	0.58	Método Walkey e Black	Jackson (1973)
B	N disponível (kg ha-1)	195.50	Permanganato de potássio alcalino	Subbiah e Asija, 1956
C	P2O5 disponível (kg ha-1)	12.90	Método de Olsen	Olsen *et al.*, 1954
D	K2O disponível (kg ha-1)	470.70	Fotómetro de chama	Piper, 1966
E	Ph do solo	8.0	Medidor de pH com elétrodo de vidro	Jackson, 1973

3.1.3 Historial de culturas da parcela experimental

O historial das culturas do campo experimental nos três anos anteriores é o seguinte apresentados no Quadro 2.

Quadro 2: Historial das culturas no campo experimental.

Ano	*Quaresma*	*Rabi*	verão
2016-17	Jowar	Trigo	Pousio
2017-18	Soja	Trigo	Pousio
2018-19	Jowar	Trigo	Pousio
2019-20	Experiência atual	-	-

3.1.4 Clima e condições meteorológicas

Geograficamente, Parbhani está situada a 19^0 16' latitude norte e 76^0 47' longitude leste, a 409 altitudes acima do nível do mar e tem um clima subtropical. A precipitação média anual é de 1159 mm em 55 dias de chuva. Os meses de julho, agosto, setembro e outubro são húmidos e o índice de humidade é positivo, o inverno é fresco e Parbhani está agrupada numa zona de precipitação garantida.

Os dados meteorológicos registados no Observatório Meteorológico, VNMKV, Parbhani durante o período de experimentação são apresentados no quadro 3.

A precipitação total recebida durante o período de crescimento da cultura (junho a outubro de 2019) foi de 694 mm em 39 dias de chuva. Durante este período, a precipitação máxima mensal total de 297 mm foi recebida no mês de setembro e a precipitação mínima de 91 mm foi recebida no mês de junho. A temperatura média mensal máxima de $40,5^0$ C foi registada em junho e a mínima de $20,1^0$ C foi observada no mês de outubro. O início da monção do sudoeste foi notado em 25rd MW e chuvas suficientes (46mm) foram recebidas naquela semana. Devido às chuvas contínuas em 2rd e 25th MW, a operação de sementeira foi realizada em 26th MW. Os aguaceiros recebidos durante 27th

MW contribuiu para o bom estabelecimento da cultura. No entanto, a precipitação efectiva recebida de junho a outubro de 2019 foi média em comparação com o padrão normal de precipitação durante este período.

Tempo

Os dados meteorológicos para o período correspondente da época de colheita registados no observatório meteorológico, Vasantrao Naik Marathwada Krishi Vidyapeeth, Parbhani, são apresentados no quadro 3.

Quadro 3. Dados meteorológicos semanais para o ano de 2019 em Parbhani durante o período experimental

M. W.	Data	Precipitação total (mm)	Dias de chuva (N.º)	Temperatura 0C		Relativo Humidade (%) '		EVP (mm)	BSS (Hr.)	WV (Km ph)
				Máximo.	Min.	Máximo.	Min.			
24	11-17 de junho	2.0	0	37.8	25.9	60	35	10.2	7.5	9.1
25	18-24 de junho	42.7	2	34.1	24.4	75	55	7.0	4.6	6.4
26	25-01 de julho	64.3	2	32.5	24.1	86	66	4.9	4.2	6.6
27	02-08 de julho	80.2	1	30.1	23.9	85	73	3.8	1.0	5.9
28	09-15 de julho	143.8	3	28.8	22.4	93	76	3.0	2.9	5.9
29	16-22 de julho	12.9	2	32.5	22.9	86	61	4.7	5.1	5.0
30	23-29 de julho	65.6	3	30.7	22.9	93	68	3.7	4.1	4.4
31	30-05 de agosto	117.0	5	28.2	22.6	96	81	2.5	2.4	5.1

32	06-12 de agosto	0.0	2	31.7	22.1	84	56	5.2	5.9	6.2
33	13-19 de agosto	11.2	1	31.8	21.4	85	58	5.0	6.6	5.4
34	20-26 de agosto	13.0	0	32.4	21.4	87	52	5.2	8.0	4.4
35	27-02 Set	71.5	3	31.0	22.5	92	68	4.2	4.2	3.6
36	03-09 Set	1.5	1	30.9	20.7	80	58	5.3	8.8	5.0
37	10-16 de setembro	101.6	3	29.3	22.4	88	78	3.6	1.7	4.6
38	17-23Set	109.1	5	29.6	22.3	96	85	2.9	2.5	3.4
39	24-30 de setembro	96.9	3	30.2	21.7	91	73	3.3	3.7	4.7
40	01-07 Out.	109.5	2	29.4	21.3	93	72	3.4	5.3	3.9
41	08-14 Out.	56.9	1	32.0	21.2	88	52	4.7	7.5	2.9
	Total	694	39	578	399	82	56			

A leitura dos dados no Quadro 3 indica que a temperatura máxima média e a temperatura mínima semanal média flutuaram durante a estação. A humidade relativa média (HR) flutuou durante o período de crescimento da cultura, enquanto a evaporação da panela aumentou e diminuiu progressivamente com o avanço do crescimento da cultura até à colheita.

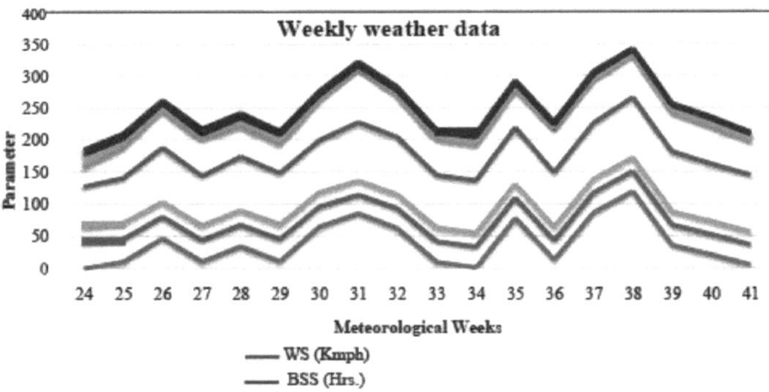

Fig.1. Dados meteorológicos semanais durante o período da experiência

A precipitação recebida durante o período de crescimento da cultura foi suficiente e as horas de sol brilhante flutuaram ligeiramente em relação ao normal. Este clima favoreceu o crescimento normal da cultura.

3.2 Detalhes experimentais

3.2.1 Esquema experimental

A presente experiência foi efectuada com base num esquema de parcelas divididas com três repetições. Os tratamentos consistiram em três configurações de terreno como tratamentos de parcelas principais com cinco gestões de resíduos de culturas. Os tratamentos das subparcelas são apresentados com o símbolo abaixo.

3.2.2 Pormenores do tratamento

Parcela principal: (L) Configuração do terreno

L1 - Cama plana

L2 - Sulco em leito largo

L3 - Cumes e sulcos

Subparcela: (CR) Gestão de resíduos

CR1- Resíduo de cultura @ 1,25 T/ha + 5 kg ha^{-1} microrganismo decompositor

CR2- Resíduos de culturas @ 1,25 T/ha + 10 kg ha^{-1} micro-organismo decompositor

CR3- Resíduos de culturas a 2,5 T/ha + 5 kg ha^{-1} microrganismo decompositor

CR4- Resíduo de cultura @ 2,5 T/ha + 10 kg ha^{-1} microrganismo decompositor

CR5- Controlo

3.2.3 PORMENORES EXPERIMENTAIS:

1)	Realização da experiência	: Kharif-2019
2)	Nome da cultura	: Soja
3)	Variedades	: MAUS - 71
4)	Conceção	: Desenho de parcelas divididas
5)	Tratamentos	15
6)	Replicação	03
7)	N.º de parcelas	45
8)	Tamanho da parcela	**Bruto:** 4,5 m x 5,0 m **Rede:** 3,6 m x 4,6 m
9)	Espaçamento	: 45 cm x 05 cm
10)	Método de sementeira	: Dibragem em sulcos, semeador BBF e semeador de sementes fertéis rebaixado por trator.
11)	N.º total de tratamentos	15
12)	Replicações	03
13)	Número de parcelas	45
14)	Local da experiência	: Quinta experimental, Departamento de Agronomia, VNMKV, Parbhani.

O campo experimental foi disposto de acordo com o plano após o cultivo preparatório antes da sementeira. A disposição consiste em 45 unidades experimentais em três réplicas, com 15 unidades em cada réplica. Em seguida, os tratamentos das subparcelas de gestão dos resíduos das culturas foram distribuídos aleatoriamente em cada repetição. As dimensões bruta e líquida das parcelas eram de 4,5 m x 5,0 m e 3,6 m x 4,6 m, respetivamente. A distância entre duas réplicas foi de 1,0 m e 0,5 m entre duas parcelas.

3.3 Preparação do terreno e aplicação dos principais tratamentos da parcela

A preparação do terreno para o presente estudo foi efectuada de acordo com os tratamentos especificados para a parcela principal.

3.3.1 Cama plana

No caso da cama plana, a sementeira foi feita com um semeador de sementes ferity puxado por trator a 45 cm X 5 cm.

3.3.2 Sulco em leito largo

A plantadora de sulcos de leito largo foi utilizada para a preparação do BBF (sulco de leito largo) e para a plantação. A sementeira em várias configurações de terreno foi efectuada de forma diferente. No caso do BBF (Broad Bed Furrow), a sementeira foi feita com a ajuda de uma plantadora BBF puxada por trator desenvolvida pela CRIDA, Hyderabad. A preparação da cama, a abertura do sulco e a plantação (colocação da semente) foram feitas numa operação de cada vez. No caso do sulco de leito largo, a semeadura foi feita a 45 cm X 5 cm.

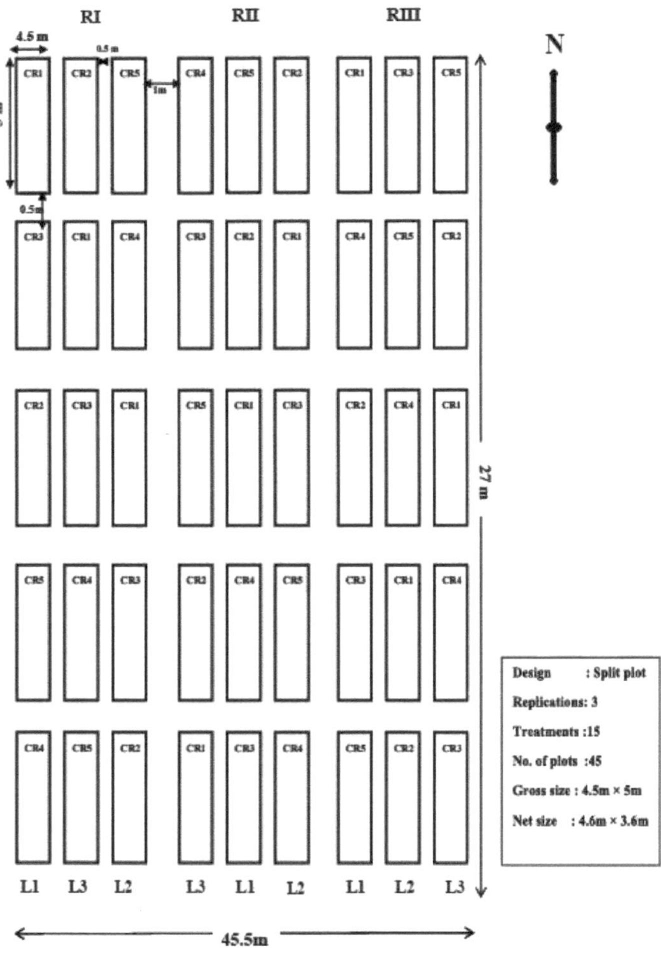

Foto 1 Vista geral da parcela experimental

3.3.3 Cumes e sulcos

Abriram-se cumes e sulcos e procedeu-se à sementeira. No caso de cumes e sulcos, os cumes e sulcos foram preparados e a sementeira foi efectuada a uma distância de 45 cm X 5 cm.

3.4 . Aplicação de tratamentos nas subparcelas

3.4.1 Resíduos de culturas @ 1,25 t /ha + 5 kg ha^{-1} micro-organismo decompositor

O tratamento foi efectuado utilizando resíduos de culturas picados a 1,25t/ha com pulverização de microrganismos decompositores 5 kg/ha.

3.4.2 Resíduos de culturas @ 1,25 t /ha + 10 kg ha^{-1} micro-organismo decompositor

O tratamento foi efectuado utilizando resíduos de culturas picados a 1,25t/ha com pulverização de microrganismos decompositores 10 kg/ha.

3.4.3 Resíduos de culturas @ 2. 5 t /ha + 5 kg ha^{-1} micro-organismo decompositor

O tratamento foi efectuado utilizando resíduos de culturas picados a 2,5t/ha com pulverização de microrganismos decompositores 5 kg/ha.

3.4.4 Resíduos de culturas @ 2,5 t /ha + 10 kg ha^{-1} micro-organismo decompositor

O tratamento foi efectuado utilizando resíduos de culturas picados a 2,5t/ha com pulverização de microrganismos decompositores a 10 kg/ha.

3.4.5 Sem resíduos de culturas

O tratamento foi efectuado sem resíduos de culturas e sem microrganismos decompositores.

3.5 Operações culturais

O calendário das diferentes operações culturais efectuadas no campo experimental é apresentado no quadro 3.4.

3.5.1 Cultura preparatória

O terreno foi lavrado a cerca de 20 cm de profundidade. Posteriormente, foi gradada com uma grade de lâminas comum, depois de ter sido efectuada uma rotação para obter uma terra solta e friável.

Foto 2 Plantador em sulco com cama larga

Foto 3 Configuração do terreno em cumeeiras e sulcos

cama de sementes. Depois de atingidas as inclinações desejadas, a disposição do campo foi efectuada de acordo com o plano e mantida pronta para a sementeira.

3.5.2 Aplicação de fertilizantes

Os fertilizantes, *nomeadamente o* azoto, o fósforo e o potássio, foram aplicados nas respectivas parcelas, de acordo com o tratamento, utilizando a ureia, o superfosfato simples e o muriato de potássio uniformemente nas linhas abertas para a sementeira, de acordo com o tratamento.

3.5.3 Sementes e sementeiras

As sementes puras e certificadas da variedade de soja - MAUS-71 foram obtidas na fábrica de processamento de sementes, VNMKV, Parbhani. A variedade é recomendada para o Maharashtra em condições de sequeiro. As sementes foram tratadas com cultura de *Rhizobium* e bactérias solublizadoras de fosfato. A sementeira foi efectuada em 27 de junho de 2019 em várias configurações de terreno com a taxa de sementes recomendada.

3.5.4 Preenchimento de lacunas e desbaste

O preenchimento de lacunas foi efectuado 15 dias após a sementeira, através da sementeira de sementes, onde as sementes anteriormente semeadas não germinaram, de modo a atingir a população de plantas necessária. O desbaste foi feito aos 20 DAS, mantendo apenas uma plântula saudável em cada colina. **3.5.5 Contagem de emergência**

A contagem da emergência foi efectuada 21 dias após a sementeira e o estande final das plantas de cada parcela da rede foi registado na colheita.

3.5.6 Operações interculturais

Foram efectuadas duas mondas manuais durante o período de crescimento da soja para controlar as ervas daninhas e melhorar o arejamento do solo.

3.5.7 Proteção das plantas

A cultura estava livre de pragas e doenças, exceto a lagarta comedora de folhas. Foi feita uma pulverização de Chloropyriphos 20 EC para controlar a lagarta comedora de folhas.

3.5.8 Colheita e debulha

A colheita foi efectuada na maturidade fisiológica da cultura com a ajuda de trabalho manual, cortando as plantas rente ao solo. A debulha foi efectuada de acordo com os tratamentos e as sementes foram separadas por peneiramento. Após a peneiração, as sementes limpas e a palha foram recolhidas separadamente, pesadas e o seu peso foi registado.

Foto 4 Tratamento de resíduos de culturas

Foto 5 Microorganismos decompositores em pulverização

Quadro 4: Pormenores das operações culturais efectuadas na parcela experimental durante 2019

N.º Sr.	Particularidades	Frequência	Data da ação
A	**Operação de pré-sementeira**		
1	Lavoura	1	18/05/2019
2	Angustiante	2	9/06/2019
3	Rotavador	1	15/06/2019
4	Disposição	1	20/06/2019
5	Sulco em leito largo	1	27/06/2019
6	Cama plana	1	27/06/2019
7	Sulcos e reentrâncias		27/06/2019
8	Dose de fertilizante	1	27/06/2019
B	**Semeadura**	1	27/06/2019
C	**Operação pós-sementeira**		
9	Preenchimento de lacunas	1	15/07/2019
10	Desbaste	1	17/07/2019
11	Monda manual	2	16/07/2019 11/08/2019
12	Resíduos de culturas	1	5/08/2019
13	Pulverização de insecticidas	1	10/08/2019
14	Colheita	1	11/10/2019
15	Debulha e peneiração	1	28/10/2019

3.6 Observações biométricas
3.6.1 Contagem de emergência
A contagem da emergência foi efectuada aos 21 DAS em cada parcela e os dados obtidos foram expressos em percentagem e em valor de arco-seno.
3.6.2 Técnica de amostragem
Cinco plantas de cada parcela da rede foram seleccionadas aleatoriamente e etiquetadas para a realização de observações biométricas em diferentes fases de crescimento. As mesmas plantas foram colhidas separadamente para estudos pós-colheita.

Os horários das observações biométricas sobre vários parâmetros registados durante o presente inquérito são apresentados no quadro 5.
3.6.3 Altura da planta (cm)
A altura da planta foi medida em cm a partir da base da planta até à base da folha mais aberta.

Quadro 5: Calendário das várias observações biométricas registadas na soja durante o período de inquérito é o seguinte

Sr. Não.	Particularidades	Frequência	Dias após a sementeira	Número de plantas na parcela de observação
A)	**Estudos pré-colheita**			
1.	Contagem de emergência	1	21 dias	Todas as plantas por parcela de rede
2.	Estande final das plantas	1	Na colheita	Todas as plantas da parcela líquida
3.	Altura da planta (cm)	5	30, 45, 60, 75 e na colheita	Cinco plantas seleccionadas aleatoriamente de cada parcela da rede
4.	Número de folhas funcionais da planta^{-1}	5	30, 45, 60, 75 e na colheita	Cinco plantas seleccionadas aleatoriamente de cada parcela da rede
5.	Área foliar da planta^{-1} (dm)^2	5	30, 45, 60, 75 e na colheita	Uma planta representativa de cada parcela de rede
6.	Número de ramos da planta^{-1}	4	45, 60, 75 e na colheita	Cinco plantas seleccionadas aleatoriamente de cada parcela da rede
7.	Matéria seca total da planta^{-1} (g)	5	30, 45, 60, 75 e na colheita	Uma planta representativa selecionada aleatoriamente de cada parcela de rede
8.	Número de vagens da planta^{-1}	4	60, 75 e na colheita	Cinco plantas seleccionadas aleatoriamente de cada parcela da rede

B)	Estudos pós-colheita			
1.	Peso da planta de vagens^{-1} (g)	1	Na colheita	Cinco plantas seleccionadas aleatoriamente de cada parcela da rede
2.	Número de sementes por vagem^{-1}	1	Na colheita	Cinco plantas seleccionadas aleatoriamente de cada parcela da rede
3.	Número de sementes plantadas^{-1}	1	Na colheita	Cinco plantas seleccionadas aleatoriamente de cada parcela da rede
4.	Peso das sementes planta^{-1} (g)	1	Na colheita	Cinco plantas seleccionadas aleatoriamente de cada parcela da rede
5.	Peso da semente (g)	1	Na colheita	100 peso das sementes de cada parcela da rede
6.	Rendimento das sementes (kg ha)$^{-1}$	1	Na colheita	Todas as plantas de cada parcela de rede
7.	Rendimento da palha (kg ha)$^{-1}$	1	Na colheita	Todas as plantas de cada parcela de rede
8.	Rendimento biológico (kg ha)$^{-1}$	1	Na colheita	Todas as plantas de cada parcela de rede
C)	Estudos de humidade			
1.	Humidade (%) em base gravimétrica à profundidade (0-15cm)	8	Na sementeira 15, 30, 45, 60, 75, 90 e na colheita	De cada parcela de rede
2.	Eficiência na utilização da água da chuva	1	Na colheita	Para cada parcela de rede

3.6.4 Número de folhas funcionais da planta^{-1}

O número total de folhas funcionais nascidas nas plantas da amostra foi contado, calculado com base na média das plantas e registado em diferentes fases de crescimento da cultura até à colheita.

3.6.5 Área foliar da planta^{-1} (dm)^{2}

A área foliar foi calculada utilizando as amostras de plantas colhidas para os estudos de matéria seca de cada parcela da rede. As folhas foram arejadas em folíolos e agrupadas em três grupos: pequeno, médio e grande. O comprimento e a largura máximos de cinco folíolos de cada grupo foram medidos e a área foliar média por planta foi calculada através da seguinte fórmula.

$$A = \sum_{i=0}^{n=3} (L \times B)K$$

Onde,

A : Área foliar em cm^2 num determinado grupo.

L : Comprimento do folheto em cm

B : Largura máxima do folheto em cm.

K : Constante da área foliar da soja (K = 0,6889)

N : Número de folhetos de um determinado grupo

Σ : Síntese

n = Número de folíolos em folhas trifoliadas

3.6.6 Número de ramos da planta^{-1}

O número de ramos nascidos no rebento principal de uma planta foi contado e registado com um intervalo de 15 dias a partir dos 45 dias.

3.6.7 Número de vagens da planta^{-1}

O número de vagens da planta^{-1} foi contado e registado periodicamente com base na planta.

3.6.8 Planta de acumulação de matéria seca^{-1} (g)

O peso da matéria seca é um índice da capacidade produtiva da planta. Assim, uma planta representativa da parcela bruta foi arrancada aleatoriamente em cada observação, ou seja, aos 30, 45, 60, 75 dias e, finalmente, na colheita. As raízes da planta arrancada para o estudo da matéria seca de cada parcela bruta foram removidas. Esta planta separada foi seca ao sol numa primeira fase e seca em estufa a uma temperatura de 65 + 2°C até se obter um peso constante. O peso constante foi registado como peso total da matéria seca (g) da planta^{-1} para cada tratamento.

3.7 Análise de crescimento

Os dados sobre os caracteres de crescimento, *nomeadamente* AGR para a altura da planta, AGR para a matéria seca, RGR para a matéria seca da planta^{-1} e índice da área foliar, foram posteriormente calculados para elaborar as funções de crescimento. As interferências foram efectuadas com base em valores médios.

3.7.1 Taxa de crescimento absoluto (TCA)

A taxa de crescimento absoluto é o ganho total em altura e peso por planta dentro de um intervalo de tempo estipulado. Os valores médios de AGR para a altura da planta e o peso da matéria seca da planta^{-1} foram calculados utilizando a seguinte fórmula (Richards, 1969).

$$\text{AGR (altura da planta)} = \frac{H_2 - H_1}{t_2 - t_1} \quad (\text{cm dia}^{-1}\ \text{planta})^{-1}$$

$$\text{AGR (Peso seco)} = \frac{W_2 - W_1}{t_2 - t_1} \quad (\text{g dia}^{-1}\ \text{planta})^{-1}$$

Onde, H_2, H_1 e W_2, W_1 referem-se à altura da planta (cm) e à acumulação de matéria seca da planta^{-1} (g) no tempo t_2 e t_1 (dias), respetivamente.

3.7.2 Taxa de crescimento relativo (RGR)

O crescimento relativo em que uma planta adiciona novo material às suas substâncias é medido pela taxa de crescimento relativo (RGR) da acumulação de matéria seca.

Blackman (1919) salientou que, o aumento do peso da matéria seca da planta é um processo contínuo de juros compostos onde o incremento em qualquer intervalo acrescenta ao capital para o crescimento subsequente. A taxa de incremento foi chamada de taxa de crescimento relativo. Foi calculada pela seguinte fórmula e expressa em g/g/dia.

$$RGR = \frac{\log_e W_2 - \log_e W_1}{t_2 - t_1}$$

Onde W1 e W2 são o peso seco total da planta nos tempos t1 e t2 respetivamente loge é o logaritmo natural à base e é 2,3026.

3.7.3 Índice de área foliar (LAI)

Uma vez que o rendimento da cultura deve ser avaliado por unidade de superfície e não por planta.

$$LAI = \frac{\text{Leaf area per plant } (dm^2)}{\text{Ground area per plant } (dm^2)}$$

$$LAI = \frac{\text{Área foliar por planta } (dm)^2}{\text{Superfície do solo por planta } (dm)^2}$$

3.8 Estudos pós-colheita

3.8.1 Planta de rendimento de sementes^{-1} (g)

O peso da planta com sementes^{-1} foi registado após a colheita. As amostras constituídas por cinco plantas seleccionadas ao acaso de cada parcela da rede foram limpas e o peso médio foi registado em gramas.

3.8.2 Peso da semente (g)

Depois de bem limpas e secas, foram contadas aleatoriamente cem sementes de cada parcela da rede e o seu peso foi registado em gramas.

3.8. 3Rendimento das vagens^{-1} (g)

As vagens obtidas de cada planta de cinco plantas seleccionadas ao acaso foram secas e pesadas em gramas.

3.8.4 Número de sementes plantadas^{-1}

O número total de sementes da planta^{-1} das plantas observadas foi contado.

3.8.5 Número de sementes por vagem^{-1}

O número total de vagens de sementes^{-1} das plantas observadas foi contado...

3.9 Rendimento

3.9.1 Parcela de rendimento de sementes^{-1}

As plantas de cada parcela-rede foram debulhadas e os grãos foram limpos. Os grãos limpos obtidos em cada parcela de rede foram pesados em kg, que foram depois convertidos em rendimento de sementes (kg ha^{-1}), multiplicando-os pelo fator hectare.

3.9.2 Parcela de rendimento de palha^{-1}

Após a separação das sementes do rendimento biológico, o material restante (caule + bhoosa) foi considerado como rendimento em palha e os seus pesos finais foram registados em kg net plot^{-1}, que foi depois convertido em rendimento em palha (kg ha^{-1}) multiplicando pelo fator hectare.

3.9.3 Rendimento biológico

O rendimento biológico foi registado pela seguinte fórmula.

Rendimento biológico= Rendimento das sementes + Rendimento da palha

3.9.4 Índice de colheita

O índice de colheita indica a eficiência do material vegetal para converter o rendimento fotossintético em rendimento económico e é calculado da seguinte forma

$$\text{Harvest index (\%)} = \frac{\text{Seed yield (q ha}^{-1})}{\text{Total biological yield (q ha}^{-1})} \times 100$$

Rendimento biológico=   Rendimento de sementes + peso da palha + casca da vagem

Em que, rendimento em palha   =   Talos + folhas

3.10 Estudos de humidade

3.10.1 Humidade disponível no solo

Após a emergência da soja, foram feitas observações da humidade do solo na profundidade de 0-15 cm com um intervalo de 15 dias. Amostras de solo para estudos de umidade foram retiradas com o auxílio de um trado de rosca de cada parcela aleatoriamente. Em seguida, as amostras foram transferidas imediatamente para caixas de alumínio e cobertas com folhas de polietileno para evitar o aquecimento do sol no campo. As amostras de solo da respectiva profundidade foram pesadas imediatamente numa balança eléctrica e 50 g de amostra de solo (w_1) foram retiradas para secagem e depois transferidas para uma estufa de ar quente. As amostras foram secas a 105^0 C + 5^0 C durante 8 a 12 horas até se obter um peso constante (w_2). A percentagem de humidade foi calculada com o método gravimétrico da seguinte forma

$$\text{Humidade por cento} = \frac{W_1 - W_2}{W_2} \times 100$$

Onde, w_i - Peso de 50 gm de amostra de solo húmido

W_2 - Peso de 50 gm de amostra de solo seco em estufa

3.10.3 Eficiência na utilização de águas pluviais

A eficiência da utilização da humidade foi calculada utilizando a seguinte fórmula e expressa em kg/mm/ha.

$$\text{Eficiência de utilização da humidade} = \frac{\text{Yield (kg ha}^{-1})}{\text{Moisture use (mm)}}$$

Utilização de humidade (mm)

3.11 Análise estatística e interpretação dos dados

Os dados obtidos em diversas variáveis foram analisados pelo "método de análise de variância" (Panse e Sukhatme, 1967). A variância total (S^2) e a d.f. (n-1) foram divididas em diferentes fontes possíveis. A variância devida aos efeitos da replicação e do tratamento foi calculada e comparada com a variância do erro para encontrar os valores "F" e, finalmente, para testar a significância a P = 0,05 sempre que os resultados fossem considerados significativos. A diferença crítica foi calculada para comparação da média dos tratamentos a um nível de significância de 5 por cento quando os resultados são significativos.

3.11.1 Correlação simples

Foram efectuados estudos de correlação entre a produção de sementes da planta^{-1} em relação a vários atributos importantes de crescimento e produção.

3.11.2 Estudos de correlação simples

Foram calculados os coeficientes de correlação simples (valores "r") entre o peso da semente da planta^{-1} (y) e os caracteres morfológicos (Xn), *nomeadamente*

x_1 -Altura da planta   (cm) aquando da colheita.

x_2 -Número de folhas funcionais da planta^{-1} na colheita.

x_3 -Área foliar   em cm^2 planta^{-1} na colheita.

x₄   -Número de ramos da   planta^{-1} na colheita.

  x₅- Matéria seca total da planta^{-1} na colheita   .

x₆   -Número de vagens da planta^{-1} na colheita   .

x₇   -Número de sementes plantadas^{-1}

x₈   -produto da vagem   planta^{-1} (g)

x₉   Planta de rendimento de sementes^{-1} (g)

O procedimento e a fórmula descritos por Snedecor e Cochran (1968) foram adoptados e a significância foi testada.

$$r = \frac{\Sigma\, xy}{\sqrt{(\Sigma x)(\Sigma y)}}$$

Onde,

  r=Coeficiente de correlação

  x=Variável independente   (atributos)

  y=Variável dependente   (rendimento)

3.12 Economia

3.12.1 Rendimentos monetários brutos

Os rendimentos monetários brutos (ha^{-1}) obtidos com os diferentes tratamentos no presente estudo foram calculados tendo em conta os preços de mercado do produto económico, do subproduto e dos resíduos da cultura durante o ano experimental.

3.12.2 Custo da cultura

O custo de cultivo (ha^{-1}) de cada tratamento foi calculado tendo em conta o preço dos factores de produção, os encargos de cultivo, a mão de obra, a terra e outros encargos.

3.12.3 Rendimentos monetários líquidos

Os rendimentos monetários líquidos (ha^{-1}) de cada tratamento foram calculados deduzindo o custo médio de cultivo (ha^{-1}) de cada tratamento dos rendimentos monetários brutos (ha^{-1}) obtidos com os respectivos tratamentos.

3.12.4 Rácio benefício/custo

O rácio benefício/custo de cada tratamento foi calculado dividindo os rendimentos monetários brutos pelo custo médio de cultivo.

Foto 6 Cama plana com resíduos de culturas + microorganismos em decomposição

Foto 7 Sulco de leito largo com resíduos de culturas + microrganismos decompositores

Foto 8 Cumes e sulcos com resíduos de culturas + microrganismos em decompcsição

CAPÍTULO IV

RESULTADOS EXPERIMENTAIS

As descobertas importantes sob a forma de dados resumidos sobre diferentes aspectos, como caracteres de crescimento, caracteres que contribuem para o rendimento, rendimento, qualidade e aspeto económico da soja, influenciados por diferentes tratamentos em estudo durante o curso da investigação, são interpretadas criticamente e os resultados são apresentados neste capítulo, juntamente com tabelas sob os títulos apropriados.

4.1 Estudos pré-colheita

4.1.1 Contagem de emergência e estande final de plantas

Os dados sobre a contagem média de emergência e o estande final de plantas de soja na colheita, influenciados por vários tratamentos, são apresentados na Tabela 6.

Tabela 6: Contagem média de emergência e estande final de plantas (valores de Arcsine) de soja influenciados por diferentes tratamentos.

Tratamento	Valor do arco-seno	
	Contagem de emergência	Estande final das plantas
Configuração do terreno (L)		
Cama Li-Flat	91.71 (73.26)	85.99(68.02)
L2-Sulco em leito largo	92.90 (74.55)	87.82(69.58)
L3-Sulcos	93.00 (74.66)	86.85 (68.74)
S.E. ±	1.62	3.03
C.D. a 5%	NS	NS
Gestão de resíduos (CR)		
CRi - Resíduo de cultura @ 1,25 T/ha +5 kg ha^{-1} micro-organismo decompositor	91.95(73.51)	86.65 (68.57)
CR2 - Resíduo de cultura @ 1,25 T /ha + 10 kg ha^{-1} micro-organismo decompositor	93.34 (75.04)	86.96 (68.83)
CR3 - Resíduos de culturas @ 2. 5 T/ha +5 kg ha^{-1} micro-organismo decompositor	93.01(74.37)	87.35 (69.17)
CR4 - Resíduo de cultura @ 2,5 T /ha +10 kg ha^{-1} micro-organismo decompositor	92.62 (74.24)	88.34 (70.04)
CR5 - Sem resíduos de culturas	91.78 (73.34)	85.13(67.32)
S.E. ±	1.09	2.88
C.D. a 5%	NS	NS
Interação (L x CR)		
S.E. ±	1.88	4.99
C.D. a 5%	NS	NS
G. média	92.54(74.15)	86.89(68.77)

*(Os números entre parêntesis indicam valores de arco-seno)

A contagem média de emergência da soja foi de 92,54 por cento e o estande final de plantas foi de 86,89 por cento, respetivamente. Os dados apresentados na Tabela 6 indicam que a contagem média de emergência no estabelecimento da cultura não foi influenciada significativamente pelos vários tratamentos. Resultados semelhantes foram obtidos em relação ao estande final de plantas na colheita.

4.1.2 Altura da planta (cm)

Os dados sobre a altura média das plantas (cm) influenciada pelos vários tratamentos são apresentados no Quadro 7 e representados graficamente na Fig. 3 A altura média das plantas de soja foi influenciada significativamente pelos vários tratamentos. A altura da planta aumentou continuamente até à colheita. A altura média das plantas registada aos 30DAS, 45 DAS, 60 DAS, 75 DAS e na colheita foi de 15,55, 29,14, 37,15, 41,63 e 47,31 cm, respetivamente.

Efeito das configurações do terreno

A análise dos dados revelou que o efeito das diferentes práticas de configuração do terreno na altura média das plantas (cm) da soja foi significativo em todas as fases de crescimento da cultura, exceto aos 30 DAS. A configuração de cama larga e sulco (L2) aos 45 DAS (31,75), 60 DAS (31,37), 75 DAS (36,05) e na colheita (47,39) registou uma altura de planta significativamente mais elevada na colheita do que a configuração de cama plana (L1) aos 45 DAS (30.65), aos 60 DAS (39,24 cm), aos 75 DAS (45,83 cm) e na colheita (39,59 cm), mas foi igual ao sulco (L3) aos 45 DAS (30,65 cm), aos 60 DAS (31,37 cm), aos 75 DAS (43,00 cm) e na colheita (45,79 cm).

Gestão dos resíduos de culturas

Os dados relativos à altura média da planta (cm) no Quadro 7 revelaram que o efeito de diferentes práticas de gestão de resíduos de culturas na altura da planta da soja foi significativo em todas as fases de crescimento da cultura, exceto aos 30 DAS e 45 DAS.

A altura da planta foi significativamente superior aos 60 DAS (42,33cm), 75 DAS (46,06 cm) e na colheita (49,18 cm) com a aplicação de (CR4) Resíduo de Cultura @ 2,5 T /ha + 10 kg ha⁻¹ micro-organismo decompositor sobre o resto dos tratamentos. No entanto, foi igual à aplicação de (CR3) Resíduo de cultura @ 2,50 T/ha +5 kg ha⁻¹ micro-organismo decompositor aos 60 DAS (41,52 cm), 75 DAS (45,50 cm) e na colheita (48,18 cm).

Efeitos de interação

O efeito da interação entre as configurações do terreno e as práticas de gestão dos resíduos das culturas na altura foi considerado não significativo na altura das plantas.

Quadro 7: Altura periódica das plantas (cm) influenciada por vários tratamentos

Tratamento	Dias após a sementeira				Na colheita
	30	45	60	75	
Configuração do terreno (L)					
Cama Li-Flat	14.65	25.01	31.37	36.05	39.59
L2-Sulco em leito largo	16.26	31.75	40.83	45.83	47.39
L3-Sulcos	15.75	30.65	39.24	43.00	45.79
S.E. ±	0.82	1.15	1.65	1.70	0.81
C.D. a 5%	NS	4.50	6.4	6.67	3.17
Gestão de resíduos (CR)					
CRi - Resíduo de cultura @ 1,25 T/ha +5 kg ha⁻¹ micro-organismo decompositor	14.84	25.76	32.45	38.92	41.14
CR2 - Resíduos de culturas a 1,25 T /ha + 10 kg ha⁻¹ microrganismo decompositor	15.14	26.05	35.11	39.98	42.67
CR3 - Resíduos de culturas @ 2. 5 T/ha +5 kg ha⁻¹ micro-	16.49	31.38	41.52	45.50	48.18

organismo decompositor					
CR4 - Resíduo de cultura @ 2,5 T /ha +10 kg ha^{-1} micro-organismo decompositor	16.88	32.17	42.33	46.06	49.18
CR5 - Sem resíduos de culturas	14.42	29.33	33.33	37.68	40.94
S.E. ±	0.66	1.71	1.46	1.58	1.40
C.D. a 5%	NS	NS	4.25	4.60	4.07
Interação (L x CR)					
S.E. ±	0.77	2.96	2.52	2.73	2.42
C.D. a 5%	NS	NS	NS	NS	NS
G. média	15.55	29.14	37.15	41.63	47.31

4.1.3 Número de folhas funcionais da planta^{-1}

Os dados sobre o número médio de folhas funcionais da planta^{-1} registados em diferentes fases sob a influência de vários tratamentos são apresentados no Quadro 8 e representados graficamente na Fig. 4. O número médio de folhas funcionais da planta^{-1} foi de

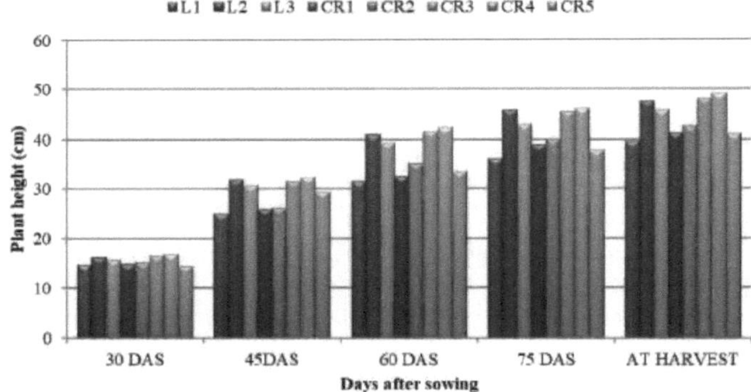

Fig.3: Altura periódica da planta (cm) influenciada por vários tratamentos em Soja

aumentou de 30 DAS a 75 DAS e diminuiu depois disso devido à senescência das folhas. O número médio de folhas funcionais da planta^{-1} de soja aos 30 DAS, 45 DAS, 60 DAS, 75 DAS e na colheita foi de 7,66, 12,33, 20,53, 21,65 e 9,78, respetivamente.

Quadro 8: Número periódico de folhas funcionais da planta^{-1} sob a influência de vários factores

tratamentos

Tratamento	Dias após a sementeira				Na colheita
	30	45	60	75	
Configuração do terreno (L)					
Cama Li-Flat	7.24	10.72	17.90	19.73	8.18
L2-Sulco em leito largo	8.21	13.49	22.31	23.08	10.93
L3-Sulcos	7.54	12.80	21.39	22.13	10.24
S.E. ±	0.30	0.40	0.83	0.61	0.39
C.D. a 5%	NS	1.58	3.25	2.39	1.53

Gestão de resíduos (CR)					
CRi - Resíduos de culturas @ 1,25 T/ha +5 kg ha^{-1} micro-organismo decompositor	7.39	11.31	19.67	20.64	8.85
CR2 - Resíduo de cultura @ 1,25 T /ha + 10 kg ha^{-1} micro-organismo decompositor	7.53	11.74	20.00	20.99	9.05
CR3 - Resíduos de culturas @ 2.5 T/ha +5 kg ha^{-1} micro-organismo decompositor	8.00	13.36	21.41	23.24	10.82
CR4 - Resíduo de cultura @ 2,5 T /ha +10 kg ha^{-1} micro-organismo decompositor	8.17	14.40	22.42	24.07	11.74
CR5 - Sem resíduos de culturas	7.23	10.85	19.17	19.31	8.45
S.E. ±	0.26	1.03	0.72	0.78	0.35
C.D. a 5%	NS	NS	2.10	2.26	1.01
Interação (L x CR)					
S.E. ±	0.46	1.79	1.25	1.34	0.60
C.D. a 5%	NS	NS	NS	NS	NS
G. média	7.66	12.33	20.53	21.65	9.78

Efeito da configuração dos terrenos

O número de folhas funcionais da planta^{-1} diferiu significativamente devido às diferentes configurações do terreno em todos os intervalos, exceto aos 30 DAS. O número médic significativamente mais alto de folhas funcionais^{-1} foi observado no plantio de soja em sulcos de leito largo (L2) de 45 DAS (13,49) até a colheita (10,93), mas

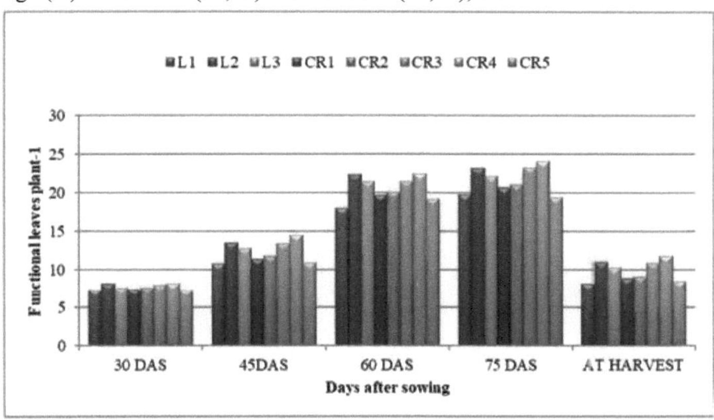

Fig.4: **Número periódico de folhas funcionais da planta^{-1} influenciado por vários tratamentos na soja**

foi igual ao dos sulcos (L3) (12,80) a (10,24). Isto deveu-se a uma melhor utilização da humidade que resultou num melhor crescimento vegetativo e foi mais baixo observado na cama plana (Li) a partir dos 45 DAS (10,72) até à colheita (8,18).

Gestão dos resíduos de culturas

O número de folhas funcionais da planta[-1] foi significativamente afetado pela gestão de resíduos de culturas em todas as fases de crescimento, exceto aos 30 DAS e 45 DAS. O número de folhas funcionais da planta[-1] foi significativamente superior aos 60 DAS (22,42), 75 DAS (24,07) e na colheita (11,74) com a aplicação de (cr4) Resíduo de Cultura @ 2,5 T/ha + 10 kg ha[-1] micro-organismo decompositor sobre o resto dos tratamentos. No entanto, foi igual com a aplicação de (cr3) Resíduo de cultura @ 2,50 T/ha +5 kg ha[-1] micro-organismo decompositor 60 DAS (41,52), 75 DAS (45,50) e na colheita (48,18).

Efeitos de interação

O efeito de interação entre as configurações do terreno e as práticas de gestão dos resíduos de culturas no número de folhas funcionais não foi significativo.

4.1.4 Número de ramos da planta[-1]

Os dados sobre o número médio de ramos da planta[-1] influenciados por vários tratamentos são apresentados na Tabela 9 e representados graficamente na Fig. 5. O número de ramos da planta[-1] aumentou continuamente até 90 DAS. O número médio de ramos da planta[-1] de soja aos 45 DAS, 60 DAS, 75 DAS e na colheita foi de 2,42, 3,37, 4,08 e 4,33, respetivamente.

Efeito das configurações do terreno

Entre as diferentes configurações do terreno, as práticas de sulcos em leito largo (l2) registaram o número máximo de ramos[-1] aos 45 DAS (2,81), 60 DAS (3,75), 75 DAS (4,51) e na colheita (4.81) na soja, o que foi significativamente superior à prática de cama plana (l1) aos 45 DAS (1,79), 60 DAS (2,84), 75 DAS (3,43) e na colheita (3,63), mas foi igual à prática de sulcos (l3) aos 45 DAS (2,66), 60 DAS (3,52), 75 DAS (4,29) e na colheita (4,54).

Gestão dos resíduos de culturas

A gestão de resíduos de culturas mostrou um efeito significativamente superior no número de ramos da planta[-1] aos 60 DAS (3,75), 75 DAS (4,52) e na colheita (4,77).

A aplicação de (cr4) Resíduo de Colheita @ 2.5 T/ha + 10 kg ha[-1] micro-organismo decompositor registou o maior número de ramos de plantas[-1] aos 45 DAS, 60 DAS, 75 DAS e na colheita sobre o resto dos tratamentos. No entanto, foi igual à aplicação de Resíduo de Cultura @ 2,50 T/ha + 5 kg ha[-1] micro-organismo decompositor (cr3) aos 60 DAS (3,60), 75 DAS (4,39) e na colheita (4,64).

Quadro 9: Ramos periódicos influenciados por vários tratamentos

Tratamento	Dias após a sementeira			
	45	60	75	Na Colheita
Configuração do terreno (L)				
Cama Li-Flat	1.79	2.84	3.43	3.63
L2-Sulco em leito largo	2.81	3.75	4.51	4.81
L3-Sulcos	2.66	3.52	4.29	4.54
S.E. ±	0.09	0.14	0.18	0.18
C.D. a 5%	0.36	0.57	0.70	0.70
Gestão de resíduos (CR)				
CRi - Resíduos de culturas @ 1,25 T/ha +5 kg ha[-1] micro-organismo decompositor	2.27	3.18	3.82	4.07
CR2 - Resíduo de cultura @ 1,25 T /ha	2.31	3.20	3.90	4.15

+ 10 kg ha^{-1} micro-organismo decompositor				
CR3 - Resíduos de culturas @ 2. 5 T/ha +5 kg ha^{-1} micro-organismo decompositor	2.58	3.60	4.39	4.64
CR4 - Resíduo de cultura @ 2,5 T /ha +10 kg ha^{-1} micro-organismo decompositor	2.67	3.75	4.52	4.77
CR5 - Sem resíduos de culturas	2.25	3.13	3.75	4.00
S.E. ±	0.20	0.13	0.15	0.15
C.D. a 5%	NS	0.37	0.45	0.45
Interação (L x CR)				
S.E. ±	0.15	0.22	0.27	0.27
C.D. a 5%	NS	NS	NS	NS
G. média	2.42	3.37	4.08	4.33

Efeitos de interação

No que diz respeito ao número de ramos, o efeito de interação entre as configurações do terreno e as práticas de gestão dos resíduos de culturas não foi significativo.

4.1.5 Área foliar da planta^{-1} (dm)^2

Os dados sobre a área foliar média da planta^{-1} (dm^2) influenciada pelos diferentes tratamentos são apresentados no Quadro 10 e graficamente na Fig. 6 Área foliar da planta^{-1}

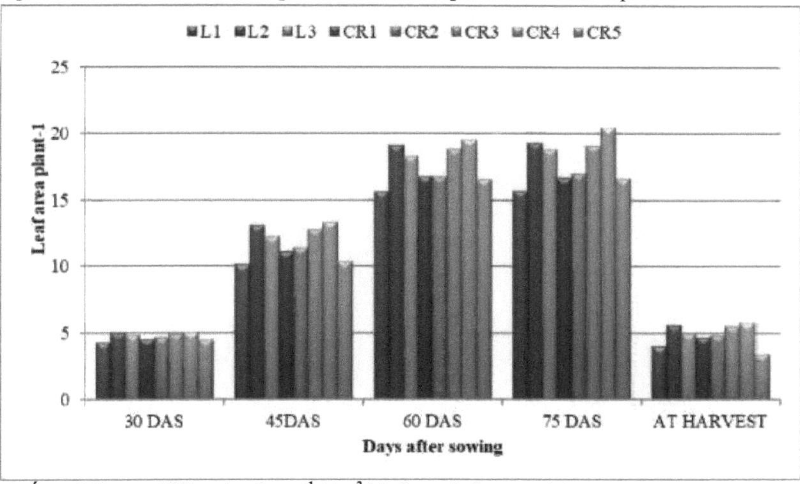

Fig.6: Área foliar periódica da planta^{-1} (dm^2) influenciada por vários tratamentos em Soja

aumentou rapidamente durante 45 DAS, 60 DAS, e atingiu o seu máximo aos 75 DAS e diminuiu depois disso devido à senescência das folhas.

Efeito das configurações do terreno

A área foliar média da planta^{-1} (dm^2) foi influenciada significativamente pelas diferentes configurações do terreno em todas as fases de crescimento da cultura, exceto aos 30 DAS. A área foliar da planta^{-1} foi observada significativamente mais em sulcos de leito largo (L2) 45 DAS (13,04) 60 DAS (19,06), 75 DAS (19,29) e na colheita (5,56) sobre o leito plano (L1) 45 DAS (10,10) 60 DAS (15,59), 75 DAS (59,70) e na colheita (3,98), mas a par com sulcos e cristas (L3) 45 DAS (12,19) 60 DAS (13,30), 75 DAS (18,84) e na colheita (4,93).

Tabela 10: Área foliar periódica da planta^{-1} (dm^2) influenciada por vários tratamentos

Tratamento	Dias após a sementeira				Na
	30	45	60	75	colheita
Configuração do terreno (L)					
Cama L1-Flat	4.26	10.10	15.59	15.70	3.98
L2-Sulco em leito largo	4.99	13.04	19.06	19.29	5.56
L3-Sulcos	4.80	12.19	18.30	18.84	4.93
S.E. ±	0.18	0.54	0.66	0.74	0.17
C.D. a 5%	NS	2.10	2.60	2.88	0.68
Gestão de resíduos (CR)					
CRi - Resíduos de culturas @ 1,25 T/ha +5 kg ha^{-1} micro-organismo decompositor	4.48	11.12	16.69	16.67	4.64
CR2 - Resíduo de cultura @ 1,25 T /ha + 10 kg ha^{-1} micro-organismo decompositor	4.60	11.37	16.73	16.98	4.85
CR3 - Resíduos de culturas @ 2. 5 T/ha +5 kg ha^{-1} micro-organismo decompositor	4.88	12.73	18.82	19.08	5.46
CR4 - Resíduo de cultura @ 2,5 T /ha +10 kg ha^{-1} micro-organismo decompositor	5.02	13.33	19.50	20.42	5.77
CR5 - Sem resíduos de culturas	4.43	10.33	16.51	16.57	3.42
S.E. ±	0.15	0.91	0.64	0.65	0.16
C.D. a 5%	NS	NS	1.86	1.89	0.45
Interação (L x CR)					
S.E. ±	0.27	1.58	1.11	1.12	0.27
C.D. a 5%	NS	NS	NS	NS	NS
G. média	4.68	11.78	17.65	17.94	4.83

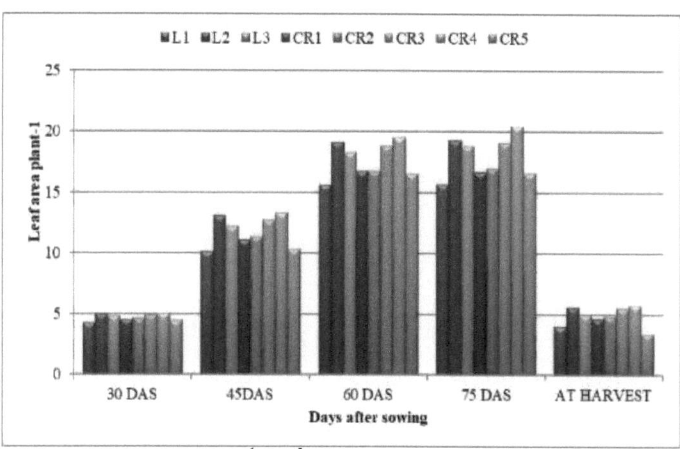

Fig.6: Área foliar periódica da planta^{-1} (dm^2) influenciada por vários tratamentos em Soja

Gestão dos resíduos de culturas

A aplicação de diferentes práticas de gestão de resíduos de culturas mostrou um efeito significativamente superior na área foliar das plantas^{-1}. A área foliar máxima da planta^{-1} aos 60 DAS (19.50), 75 DAS (20.42), e na colheita (5.77) foi notada com a aplicação de (CR4) Resíduo de Cultura @ 2.5 T/ha + 10 kg ha^{-1} micro-organismo decompositor sobre o resto dos tratamentos. No entanto, foi igual à aplicação de (CR3) Resíduo de cultura @ 2,25 T/ha + 5 kg ha^{-1} micro-organismo decompositor aos 60 DAS (18,82), 75 DAS (19,08) e na colheita (5,46).

Efeitos de interação

O efeito da interação entre as configurações do terreno e as práticas de gestão dos resíduos das culturas na área foliar da planta^{-1} não foi significativo.

4.1.6 Número de vagens da planta^{-1}

Os dados sobre o número médio de vagens da planta^{-1} influenciados pelos diferentes tratamentos são apresentados na Tabela 11 e representados graficamente na Fig. 7. O número médio de vagens por planta^{-1} aos 60 DAS, 75 DAS, 90 DAS e na colheita foi de 24,85, 28,82, 30,07 e 30,66, respetivamente.

Efeito das configurações do terreno

Os dados revelaram que os sulcos em leito largo (L2) aos 60 DAS (27.93), 75 DAS (31.48), 90 DAS (32.79) e na colheita (33.29) produziram mais número de vagens^{-1} e foi significativamente superior durante todas as fases de crescimento em relação ao leito plano (L1) aos 60 DAS (20.65), 75 DAS (25,44), 90 DAS (26,19) e na colheita (26,97), mas foi igual ao sulco (L3) aos 60 DAS (25,96), 75 DAS (29,55), 90 DAS (31,24) e na colheita (31,74).

Gestão dos resíduos de culturas

As práticas de gestão de resíduos de culturas influenciaram significativamente o número médio de vagens da planta^{-1} durante todas as fases de crescimento. O maior número de vagens^{-1} foi registado com o tratamento de aplicação de Resíduos de Culturas @ 2.5T/ha + 10 kg ha^{-1} decomposição de microrganismos (CR4) aos 60 DAS (27.22), 75 DAS (31.59), 90 DAS (31.95) e na colheita (32.32) do que os restantes tratamentos.

No entanto, foi igual à aplicação de (CR3) Resíduos de culturas @ 2,50 T/ha + 5 kg ha^{-1} microrganismo decompositor aos 60 DAS (26,26), 75 DAS (30,59), 90 DAS (31,60) e na colheita (31,26).

Tabela 11: Número de vagens da planta^{-1} influenciado por vários tratamentos

Tratamento	Dias após a sementeira			Na colheita
	60	**75**	**90**	
Configuração do terreno (L)				
Cama Li-Flat	20.65	25.44	26.19	26.97
L2-Sulco em leito largo	27.93	31.48	32.79	33.29
L3-Sulcos	25.96	29.55	31.24	31.74
S.E. ±	0.49	0.55	0.52	0.38
C.D. a 5%	1.91	2.14	2.06	1.48
Gestão de resíduos (CR)				
CRi - Resíduo de cultura @ 1,25 T/ha +5 kg ha^{-1} micro-organismo decompositor	23.95	27.55	28.92	30.27
CR2 - Resíduo de cultura @ 1,25 T /ha + 10 kg ha^{-1} micro-organismo decompositor	23.75	28.06	29.02	30.71
CR3 - Resíduos de culturas @ 2. 5 T/ha +5 kg ha^{-1} micro-organismo decompositor	26.26	30.59	31.68	31.26
CR4 - Resíduo de cultura @ 2,5 T /ha +10 kg ha^{-1} micro-organismo decompositor	27.22	31.59	31.95	32.32
CR5 - Sem resíduos de culturas	23.06	26.33	28.78	28.76
S.E. ±	0.62	0.62	0.83	0.46
C.D. a 5%	1.82	1.80	2.41	1.34
Interação (L x CR)				
S.E. ±	1.08	1.07	1.43	0.80
C.D. a 5%	NS	NS	NS	NS
Média geral	24.85	28.82	30.07	30.66

Efeitos de interação

O efeito da interação entre as configurações do terreno e as práticas de gestão dos resíduos das culturas no número de vagens não foi significativo.

4.1.7 Matéria seca total da planta^{-1} (g)

Os dados sobre a matéria seca total média da planta^{-1} (g), influenciada periodicamente por diferentes tratamentos, são apresentados no Quadro 12 e representados graficamente na Fig. 8.

A média da matéria seca total da planta^{-1} registada aos 30 DAS, 45 DAS, 60 DAS, 75 DAS e na colheita foi de 1,72, 5,72, 7,10, 8,49 e 14,76 g de planta^{-1} , respetivamente. Os dados mostram que a matéria seca total da planta^{-1} (g) aumentou continuamente até a colheita.

Efeito das configurações do terreno

Planta de acumulação de matéria seca total^{-1} (g) foi significativamente influenciada devido a diferentes práticas de configuração do terreno em todas as fases de crescimento, exceto aos 30 DAS.

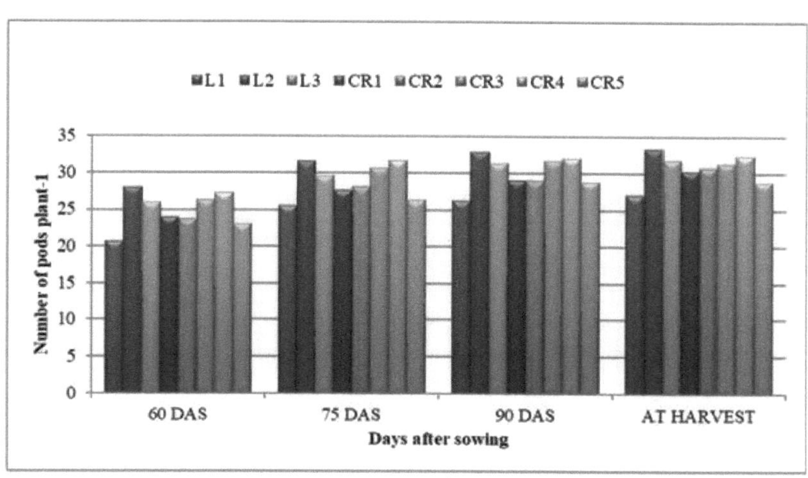

Fig. 7: Número periódico de vagens da planta^{-1} influenciado por vários tratamentos

A prática de sulcos em leito largo (L2) produziu significativamente mais matéria seca total da planta^{-1} aos 45 DAS (6,40), 60 DAS (10,53), 75 DAS (11,62) e na colheita (13,42) em comparação com os leitos planos (L1) 45 DAS (4,80), 60 DAS (7,14), 75 DAS (8,82) e na colheita (9,46). No entanto, foi igual ao dos sulcos (L3) 45 DAS (5,95). 60 DAS (9,61), 75 DAS (11,03) e na colheita (12,41).

Tabela 12: Matéria seca periódica da planta^{-1} (g) influenciada por vários tratamentos

Tratamento	Dias após a sementeira				Na colheita
	30	45	60	75	
Configuração do terreno (L)					
Cama Li-Flat	1.63	4.80	7.14	8.82	9.46
L2-Sulco em leito largo	1.77	6.40	10.53	11.62	13.42
L3-Sulcos	1.76	5.95	9.61	11.03	12.41
S.E. ±	0.11	0.27	0.35	0.50	0.75
C.D. a 5%	NS	1.047	1.35	1.94	2.93
Gestão de resíduos (CR)					
CRi - Resíduo de cultura @ 1,25 T/ha +5 kg ha^{-1} micro-organismo decompositor	1.67	5.42	8.50	9.59	10.73
CR2 - Resíduo de cultura @ 1,25 T /ha + 10 kg ha^{-1} micro-organismo decompositor	1.71	5.60	8.66	9.72	10.92
CR3 - Resíduos de culturas @ 2. 5 T/ha +5 kg ha^{-1} micro-organismo decompositor	1.76	6.30	9.81	11.87	12.96
CR4 - Resíduo de cultura @ 2,5 T /ha +10 kg ha^{-1} micro-organismo decompositor	1.85	6.60	10.46	12.14	13.61

CR5 - Sem resíduos de culturas	1.60	4.67	8.06	9.15	10.59
S.E. ±	0.09	0.46	0.31	0.54	0.54
C.D. a 5%	NS	NS	0.90	1.58	1.58
Interação (L x CR)					
S.E. ±	0.16	0.80	0.54	0.94	0.94
C.D. a 5%	NS	NS	NS	NS	NS
G. média	1.72	5.72	7.10	8.49	14.76

Gestão dos resíduos de culturas

A aplicação de diferentes práticas de gestão de resíduos de culturas mostrou efeitos significativamente superiores durante todas as fases de crescimento, exceto aos 30 DAS e 45 DAS

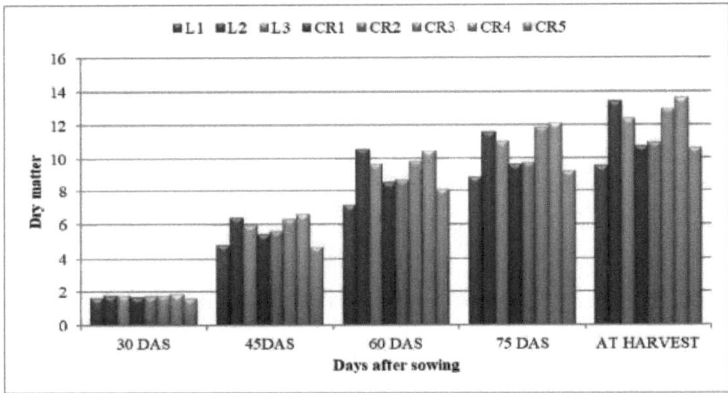

Fig.8: Matéria seca periódica (g) da planta^{-1} influenciada por vários tratamentos

efeito na matéria seca total da planta^{-1}. Nas práticas de gestão de resíduos de culturas, aos 60 DAS (10,64), 75 DAS (12,14) e colheita (13,61), a aplicação de (cr4) Resíduos de culturas @ 2,5 T/ha + 10 kg ha^{-1} microrganismo decompositor registou efeitos significativamente mais elevados do que os restantes tratamentos. No entanto, foi igual ao (cr3) Resíduo de cultura @ 2,50 T/ha +5 kg ha^{-1} micro-organismo decompositor aos 60 DAS (9,81), 75 DAS (11,87) e colheita (12,96).

Efeitos de interação

O efeito de interação entre as configurações do terreno e as práticas de gestão dos resíduos das culturas na matéria seca total das plantas^{-1} não foi significativo.

4.2 Parâmetros de análise de crescimento

4.2.1 Taxa de crescimento absoluto da altura das plantas (AGR)

Os dados sobre as funções de crescimento não foram submetidos ao teste F de variância e os resultados são derivados com base nos valores médios. Os valores médios da Taxa de Crescimento Absoluto (AGR) para a altura da planta em cm dia^{-1} planta^{-1} obtidos em vários estágios de crescimento da cultura são apresentados na Tabela 13 e graficamente apresentados na fig. 9.

O AGR para a altura da planta foi aumentado a uma taxa muito mais rápida durante 0-30 dias (0,51) e a taxa de aumento foi abrandada a partir daí até 45 DAS (0,187 cm dia^{-1} planta^{-1}) e diminuiu gradualmente a partir daí até à colheita.

Efeito das configurações do terreno

Entre os tratamentos de configuração do terreno, a taxa de crescimento absoluto da altura da planta foi mais elevada no sulco de leito largo (L2) durante 0-30 DAS, 31-45 DAS, 46-60 DAS e 61-75 DAS (0,542, 1,033, 0,605 e 0,333, respetivamente) em relação aos restantes tratamentos em todas as fases de crescimento, exceto 76 DAS - na colheita (0,119).

Gestão dos resíduos de culturas

Aplicação de diferentes práticas de gestão de resíduos de culturas (CR4) i.e., aplicação de resíduos de culturas @ 2.5 T/ha+10 kg ha^{-1} decomposição de microrganismosdurante 0-30 DAS (0.563), 31-45 DAS (1.019), 46-60 DAS (0.678) e 76 DAS - na colheita (0.200) registou uma taxa de crescimento mais elevada em relação aos restantes tratamentos exceto durante 61 - 75 DAS (0.248).

Tabela 13: Taxa média de crescimento absoluto (TCA) para altura da planta (cm dia^{-1} planta)$^{-1}$

influenciado por vários tratamentos

Tratamento	Dia após a sementeira				
	0-30	31-45	46-60	61-75	76- na colheita
Configuração do terreno					
L1-Cama plana	0.488	0.691	0.425	0.312	0.251
L2-Sulco em leito largo	0.542	1.033	0.605	0.333	0.119
L3-Sulcos	0.525	0.993	0.573	0.251	0.182
Gestão dos resíduos de culturas					
CR1 - Resíduo de cultura @ 1,25 T/ha +5 kg ha^{-1} micro-organismo decompositor	0.495	0.728	0.446	0.432	0.170
CR2 - Resíduo de cultura @ 1,25 T /ha + 10 kg ha^{-1} micro-organismo decompositor	0.505	0.727	0.604	0 324	0.186
CR3 - Resíduos de culturas @ 2. 5 T/ha +5 kg ha^{-1} micro-organismo decompositor	0.550	0.992	0.676	0.265	0.136
CR4 - Resíduo de cultura @ 2,5 T /ha +10 kg ha^{-1} micro-organismo decompositor	0.563	1.019	0.678	0.248	0.200
CR5 - Sem resíduos de culturas	0.481	0.994	0.267	0.290	0.205
Média geral	0.518	0.897	0.534	0.307	0.187

4.2.2 Taxa de crescimento absoluto da matéria seca (TCA) (g dia^{-1} planta)$^{-1}$

Os valores médios de AGR para matéria seca (g dia^{-1} planta^{-1}) obtidos em vários estágios de crescimento são apresentados na Tabela 14 e graficamente apresentados na figura 10. Isso mostra que a taxa de acúmulo de matéria seca aumentou até 45 DAS (0,267 g dia^{-1} planta^{-1}) e depois diminuiu até a maturidade da cultura.

Efeito da configuração dos terrenos

Entre os tratamentos de configuração do terreno, a taxa de crescimento absoluto da altura da planta (cm dia^{-1} planta^{-1}) foi mais elevada devido ao sulco de leito largo (L2) durante 0-30 DAS (0,59), 31-45 DAS (0,309), 46-60 DAS (0,275) e 76 DAS - na colheita (0,060) do que o resto dos tratamentos em todas as fases de crescimento, exceto 61 DAS - 75 DAS (0,073).

Gestão dos resíduos de culturas

Entre a aplicação de diferentes práticas de gestão de resíduos de culturas (CR4), *ou seja,* aplicação de resíduos de culturas @ 2,5 T/ha+10 kg ha^{-1} micro-organismo decompositor (0-30 DAS) (0,062), (31-45 DAS) (0,317), (46-60 DAS) (0,257) e

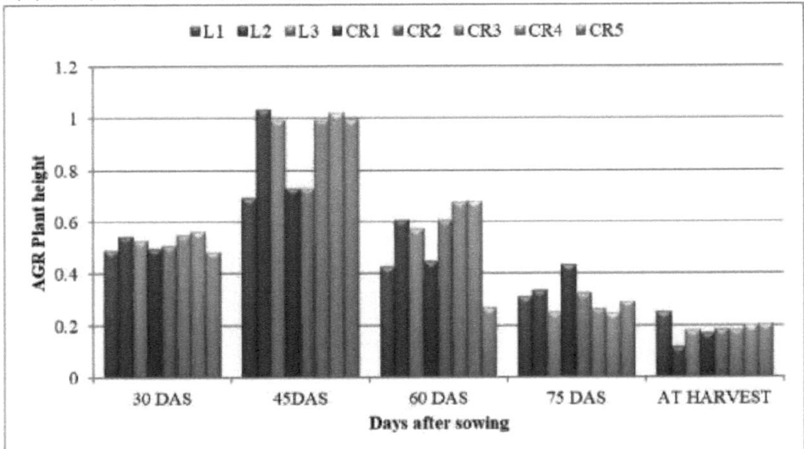

Fig.9: Taxa de crescimento absoluto (AGR) para altura da planta (cm dia^{-1} planta^{-1}) como influenciado por vários tratamentos

76 DAS - na colheita (0,049) registou valores mais elevados em relação aos restantes tratamentos, exceto durante 61- 75 DAS (0,112).

Tabela 14: Taxa média de crescimento absoluto (TCA) para matéria seca (cm dia^{-1} planta^{-1}) influenciada por vários tratamentos

Tratamento	Dia após a sementeira				
	0-30	31-45	46-60	61-75	76-em Colheita
Configuração do terreno					
L1-Cama plana	0.054	0.212	0.156	0.112	0.021
L2-Sulco em leito largo	0.059	0.309	0.275	0.073	0.060
L3-Sulcos	0.059	0.279	0.244	0.095	0.046
Gestão dos resíduos de culturas					
CR1 - Resíduo de cultura @ 1,25 T/ha +5 kg ha^{-1} micro-organismo decompositor	0.056	0.250	0.206	0.073	0.038
CR2 - Resíduo de cultura @ 1,25 T /ha + 10 kg ha^{-1} micro-organismo decompositor	0.057	0.259	0.204	0.071	0.040
CR3 - Resíduos de culturas @ 2.5 T/ha +5 kg ha^{-1} micro-organismo decompositor	0.059	0.303	0.234	0.137	0.036
CR4 - Resíduo de cultura @ 2,5 T /ha +10 kg ha^{-1} micro-organismo decompositor	0.062	0.317	0.257	0.112	0.049

| CR5 - Sem resíduos de culturas | 0.053 | 0.204 | 0.226 | 0.073 | 0.048 |
| Média geral | 0.057 | 0.267 | 0.225 | 0.093 | 0.042 |

4.2.3 Taxa de crescimento relativo (RGR) para matéria seca total (g g^{-1} dia^{-1} planta)$^{-1}$

Os dados sobre o efeito de diferentes tratamentos no RGR para matéria seca total (g g^{-1} dia^{-1} planta^{-1}) em diferentes estágios de crescimento da cultura são apresentados na Tabela 15 e graficamente na figura 11. O RGR aumentou de 0-30 DAS (0,018) até 46-50 DAS para 0,080 (g^{-1} dia^{-1} planta^{-1}) e diminuiu para 0,004 g g^{-1} dia^{-1} durante 75 DAS até à colheita.

Efeito da configuração dos terrenos

Entre os tratamentos de configuração do terreno, a taxa de crescimento relativo para a matéria seca total (g g^{-1} dia^{-1} planta^{-1}) foi mais elevada no sulco de leito largo (L2) 0-30 DAS (0,019), 31-45 DAS (0,086), 46-60 DAS (0,033) e 76 DAS - na colheita (0,005) sobre o resto dos tratamentos durante todas as fases de crescimento, exceto 61 DAS -75 DAS (0,007).

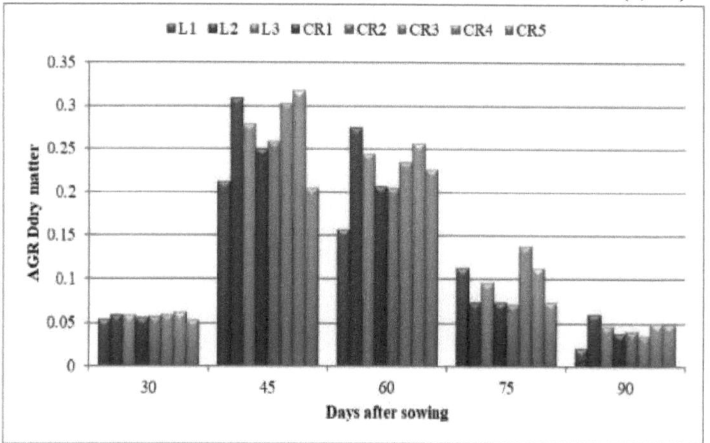

Fig.10: Taxa de crescimento absoluto (AGR) para matéria seca (cm dia^{-1} planta^{-1}) como influenciado por vários tratamentos

Gestão dos resíduos de culturas

Aplicação de diferentes práticas de gestão de resíduos de culturas CR4 *i.e.*, aplicação de resíduos de culturas @ 2.5 T/ha+10 kg ha^{-1} microrganismo decompositor registou valores mais elevados durante 0-30 DAS (0.020), 31-45 DAS (0.085), 46-60 DAS (0.031) e 76 DAS - na colheita (0.004) sobre o resto dos tratamentos exceto 61- 75 DAS (0.010).

Tabela 15: Taxa média de crescimento relativo (RGR) para matéria seca (g g^{-1} dia^{-1} planta^{-1}) conforme influenciado por vários tratamentos

Tratamento	Dia após a sementeira				
	0-30	31-45	46-60	61-75	76-em Colheita
Configuração do terreno					
L1-Cama plana	0.016	0.072	0.027	0.014	0.002
L2-Sulco em leito largo	0.019	0.086	0.033	0.007	0.005
L3-Sulcos	0.018	0.081	0.032	0.009	0.004
Gestão dos resíduos de culturas					
CR1 - Resíduo de cultura @ 1,25	0.017	0.079	0.030	0.008	0.004

T/ha +5 kg ha^{-1} micro-organismo decompositor					
CR2 - Resíduo de cultura @ 1,25 T /ha + 10 kg ha^{-1} micro-organismo decompositor	0.018	0.079	0.029	0.008	0.004
CR3 - Resíduos de culturas @ 2. 5 T/ha +5 kg ha^{-1} micro-organismo decompositor	0.019	0.084	0.030	0.013	0.003
CR4 - Resíduo de cultura @ 2,5 T /ha +10 kg ha^{-1} micro-organismo decompositor	0.020	0.085	0.031	0.010	0.004
CR5 - Sem resíduos de culturas	0.016	0.071	0.030	0.008	0.005
Média geral	0.018	0.080	0.031	0.010	0.004

4.2.4 Índice de área foliar (LAI) para a área foliar da planta^{-1}

Os dados apresentados no quadro 16 e graficamente na figura 12 indicam que o índice de área foliar aumentou continuamente até aos 75 DAS e atingiu o seu valor máximo (7,975) nesta fase. No entanto, apresentou uma tendência decrescente na colheita devido à senescência das folhas.

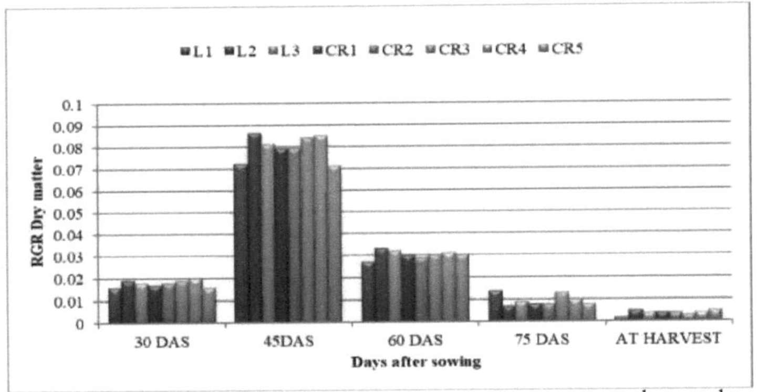

Fig.11: Taxa de Crescimento Relativo (RGR) para matéria seca (cm dia^{-1} planta^{-1}) como influenciado por vários tratamentos

Efeito da configuração do terreno

Os dados apresentados no quadro 16 mostram que o índice de área foliar máximo foi observado com o tratamento Sulco de cama larga (L2) durante 0-30 DAS (2,219), 31-45 DAS (5,725), 46-60 DAS (8,471), 61-75 DAS (8,573), e 76 DAS - na colheita (2,471) e o tratamento Cama plana (L1) registou o índice de área foliar mais baixo em todas as fases de crescimento da cultura em relação aos restantes tratamentos.

Gestão dos resíduos de culturas

Os dados ilustraram que o índice máximo de área foliar foi registado com o tratamento CR4, ou seja, aplicação de resíduos de culturas @ 2,5 T/ha+10 kg ha^{-1} microrganismo decompositor durante 0-30 DAS (2,231), 31-45 DAS (5,926), 46-60 DAS (8.667), 61-75 DAS (9.074), e 76 DAS-at harvest (2.563) em relação aos restantes tratamentos.

Tabela 16: Índice de área foliar (LAI) para a área foliar da planta^{-1} influenciado por

vários tratamentos em vários estágios de crescimento

Tratamento	Dia após a sementeira				
	0-30	31-45	46-60	61-75	76-em Colheita
Configuração do terreno					
Cama Li-Flat	1.892	4.489	6.927	6.980	1.770
L2-Sulco em leito largo	2.219	5.795	8.471	8.573	2.471
L3-Sulcos	2.132	5.420	8.135	8.373	2.193
Gestão dos resíduos de culturas					
CRi - Resíduos de culturas @ 1,25 T/ha +5 kg ha^{-1} micro-organismo decompositor	1.991	4.942	7.418	7.410	2.061
CR2 - Resíduo de cultura @ 1,25 T /ha + 10 kg ha^{-1} micro-organismo decompositor	2.046	5.052	7.437	7.548	2.154
CR3 - Resíduos de culturas @ 2. 5 T/ha +5 kg ha^{-1} micro-organismo decompositor	2.167	5.659	8.363	8.481	2.427
CR4 - Resíduo de cultura @ 2,5 T /ha +10 kg ha^{-1} micro-organismo decompositor	2.231	5.926	8.667	9.C74	2.563
CR5 - Sem resíduos de culturas	1.969	4.593	7.338	7.563	1.519
Média geral	2.081	5.234	7.844	7.975	2.145

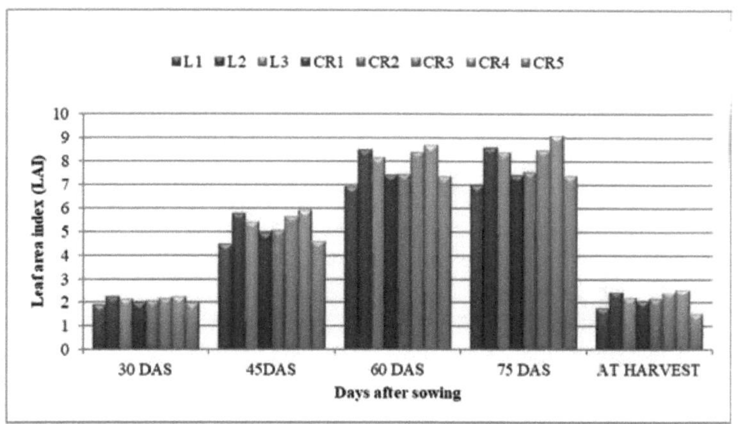

Fig.12: Índice de área foliar (LAI) para a área foliar da planta^{-1} (cm dia^{-1} planta^{-1}) como influenciado por
vários tratamentos

4.3 Estudos pós-colheita

Os dados sobre os estudos pós-colheita (atributos de rendimento), ou *seja*, peso da planta de vagens^{-1} (g), número de vagens de sementes^{-1} , número de sementes da planta^{-1} , peso da planta de sementes^{-1} (g) e índice de sementes (g) são apresentados no quadro 17 e graficamente nas figuras 13 e 14.

4.3.1 Peso da planta de vagens^{-1} (g)

Os dados sobre o peso da planta de vagens^{-1} (g) influenciado por diferentes tratamentos são apresentados no Quadro 17 e representados graficamente na Fig. 13. O peso médio da planta de vagens^{-1} foi de 6,23 g.

Efeito da configuração do terreno

O sulco em leito largo (L2) registou o maior peso de vagens^{-1} e foi significativamente superior ao sulco em leito plano (L1) e ao sulco em leito de cumeeira (L3).

Gestão dos resíduos de culturas

Entre todos os tratamentos de gestão de resíduos de culturas, a aplicação de Resíduos de Culturas @ 2,5 T/ha + 10 kg ha^{-1} microrganismo decompositor (CR4) registou um peso significativamente mais elevado de vagens^{-1} em relação aos restantes tratamentos, mas foi estatisticamente igual a (CR3) Resíduos de Culturas @ 2,5 T/ha + 5 kg ha^{-1} microrganismo decompositor.

Efeitos de interação

O efeito da interação entre as configurações do terreno e as práticas de gestão dos resíduos das culturas no peso da vagem foi considerado não significativo.

4.3.2 Número de sementes por vagem^{-1}

Os dados sobre o número de vagens com sementes^{-1} foram apresentados na tabela 17 e graficamente na figura 13. O valor médio do número de vagens com sementes^{-1} foi de 2,56.

Efeito das configurações do terreno

Os tratamentos de configuração do terreno não registaram efeitos significativos no que diz respeito ao número de vagens com sementes^{-1}. No entanto, o sulco de leito largo (L2) registou o maior número de vagens de sementes^{-1} do que os tratamentos de sulcos (L3) e de leito plano (L1).

Gestão dos resíduos de culturas

Não foram observados efeitos significativos no que diz respeito ao número de vagens de sementes^{-1} entre todos os tratamentos de gestão de resíduos de culturas. Numa base numérica, a aplicação de resíduos de culturas @ 2,5 T /ha + 10 kg ha^{-1} micro-organismo decompositor (CR4) registou o maior número de vagens de sementes^{-1} do que os restantes tratamentos. No entanto, sem resíduos de culturas registou o menor número de sementes^{-1}.

Efeitos de interação

O efeito da interação entre as configurações do terreno e as práticas de gestão dos resíduos das culturas no número de vagens com sementes^{-1} não foi significativo.

4.3.3 Número de sementes plantadas^{-1}

Os dados sobre o número de sementes da planta^{-1} influenciados por diferentes tratamentos são apresentados na Tabela 17 e graficamente na Fig. 13. A média geral do número de sementes por planta^{-1} foi de 78,97.

Efeito da configuração dos terrenos

Foram observados efeitos significativos devido aos tratamentos de configuração do terreno. O sulco em leito largo (L2) registou o maior número de sementes^{-1} e foi significativamente superior ao leito plano (L1), ao passo que, a par dos sulcos (L3).

Gestão dos resíduos de culturas

Entre todos os tratamentos de gestão de resíduos de culturas, a aplicação de Resíduos de Culturas @ 2,5 T/ha + 10 kg ha^{-1} microrganismo decompositor (CR4) registou um número significativamente mais elevado de sementes de plantas^{-1} em relação aos restantes tratamentos, mas foi estatisticamente igual ao de Resíduos de Culturas @ 2,5 T/ha + 5 kg ha^{-1} microrganismo decompositor (CR3).

Efeitos de interação

O efeito da interação entre as configurações do terreno e as práticas de gestão dos resíduos das culturas no número de sementes das plantas^{-1} não foi significativo.

4.3.4 Peso da planta de sementes^{-1} (g)

Os dados sobre o peso médio das sementes da planta^{-1} (g), influenciado pelos diferentes tratamentos, são apresentados no Quadro 17 e graficamente na Fig. 14. O peso médio geral da planta de sementes^{-1} é de 5,11 g.

Efeito da configuração dos terrenos

Os tratamentos de configuração do terreno mostraram um efeito significativo no peso das sementes das plantas^{-1} . O sulco de leito largo (L2) registou o maior peso de sementes de plantas^{-1} e foi significativamente superior ao leito plano (L1) e ao sulco de sulcos (L3).

Gestão dos resíduos de culturas

Entre todos os tratamentos de gestão de resíduos de culturas, a aplicação de Resíduos de Culturas @ 2,5 T/ha + 10 kg ha^{-1} microrganismo decompositor (CR4) registou um peso significativamente mais elevado de sementes de plantas^{-1} (5,88) em relação aos restantes tratamentos, mas foi estatisticamente igual à aplicação de Resíduos de Culturas @ 2,5 T/ha + 5 kg ha^{-1} microrganismo decompositor (CR3).

Efeitos de interação

O efeito da interação entre as configurações do terreno e as práticas de gestão dos resíduos das culturas no peso das sementes da planta^{-1} não foi significativo.

4.3.5 Índice de sementes (g)

Os dados sobre o índice de sementes, ou seja, o peso de 100 sementes (g), influenciado por diferentes tratamentos, são apresentados na Tabela 17 e graficamente na Fig.14. A média geral do peso de 100 sementes foi de 6,52 g.

Efeito da configuração dos terrenos

O índice de sementes não foi significativamente influenciado pelos tratamentos de configuração do terreno. O sulco de leito largo (L2) registou o índice de sementes mais elevado do que os sulcos (L3) e o leito plano (L1).

Gestão dos resíduos de culturas

Entre todos os tratamentos de gestão de resíduos de culturas, a aplicação de Resíduos de Culturas @ 2,5 T /ha + 10 kg ha^{-1} microrganismo decompositor (CR4) registou o índice de sementes numericamente mais elevado do que os restantes tratamentos. No entanto, o índice de sementes mais baixo foi registado pelo controlo (CR5).

Efeitos de interação

O efeito de interação das configurações do terreno e das práticas de gestão dos resíduos de culturas no índice de sementes não foi significativo.

Quadro 17: Atributos de rendimento da soja influenciados por diferentes tratamentos

Tratamento	Peso das vagens da planta^{-1} (g)	Número de sementes por vagem^{-1}	Número de sementes plantadas^{-1}	Peso das sementes planta^{-1} (g)	Índice de sementes (100 sementes em peso)
Configuração do terreno (L)					
Cama L1-Flat	5.60	2.44	65.91	4.41	6.76
L2-Sulco em leito largo	6.79	2.66	88.55	5.70	6.47
L3-Sulcos	6.30	2.59	82.44	5.21	6.34

	0.16	0.07	3.50	0.20	0.33
S.E. ±	0.16	0.07	3.50	0.20	0.33
C.D. a 5%	0.63	NS	13.74	0.78	-
Gestão de resíduos (CR)					
CRi - Resíduos de culturas @ 1,25 T/ha +5 kg ha^{-1} micro-organismo decompositor	5.61	2.54	77.28	4.88	6.39
CR2 - Resíduo de cultura @ 1,25 T /ha + 10 kg ha^{-1} micro-organismo decompositor	5.92	2.58	79.40	4.94	6.31
CR3 - Resíduos de culturas @ 2. 5 T/ha +5 kg ha^{-1} micro-organismo decompositor	7.04	2.62	82.00	5.71	6.80
CR4 - Resíduo de cultura @ 2,5 T /ha +10 kg ha^{-1} micro-organismo decompositor	7.63	2.67	86.71	5.88	6.88
CR5 - Sem resíduos de culturas	4.92	2.41	69.45	4.14	5.98
S.E. ±	0.23	0.10	2.59	0.22	0.38
C.D. a 5%	0.65	NS	7.55	0.65	-
Interação (L x CR)					
S.E. ±	0.39	0.17	4.48	0.39	0.67
C.D. a 5%	NS	NS	NS	NS	-
G. média	6.23	2.56	78.97	5.11	6.52

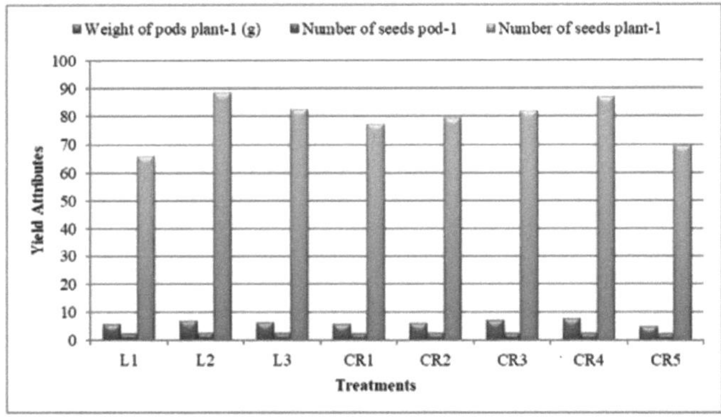

Fig. 13: Atributos de rendimento Peso de vagens planta-1 **(g), Número de sementes** vagem-1 **e Número de sementes** planta-1 **de soja como influência de vários tratamentos**

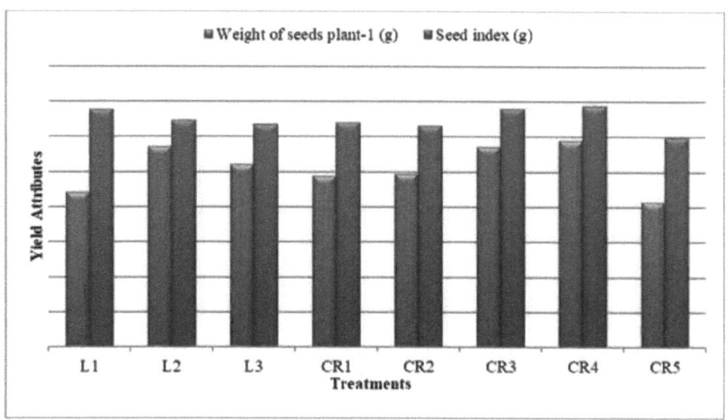

Fig.14: Peso da semente planta-1 **e índice de sementes (g) de soja como influência de vários tratamentos**

4.4 Atributos de rendimento

4.4.1 Rendimento das sementes (kg ha)$^{-1}$

Os dados apresentados no Quadro 18, representados graficamente na Fig.15, indicam que o rendimento de sementes (kg ha^{-1}) da soja foi significativamente influenciado pela configuração do terreno e pelas práticas de gestão de resíduos. O rendimento médio de sementes foi de 1976 kg ha⁻ 1 .

Efeito das configurações do terreno

A prática de sulcos em leito largo (L2) (2221 kg ha^{-1}) produziu um rendimento de sementes significativamente mais elevado do que o tratamento em leito plano (L1) (1683 kg ha^{-1}). No entanto, foi igual ao tratamento com sulcos (L3) (2026 kg ha^{-1}).

Gestão dos resíduos de culturas

Entre todos os tratamentos de gestão de resíduos de culturas, a aplicação de resíduos de culturas @ 2,5 T/ha + 10 kg ha^{-1} decomposição de microrganismos (CR4) (2314 kg ha^{-1}) registou um rendimento de sementes significativamente mais elevado (kg ha^{-1}) em relação aos restantes tratamentos, mas foi estatisticamente igual ao resíduo de culturas @ 2,5 T/ha + 5 kg ha^{-1} decomposição de microrganismos (CR3) (2210 kg ha)$^{-1}$

Efeitos de interação

Os efeitos da interação entre as configurações do terreno e as práticas de gestão dos resíduos das culturas no rendimento das sementes não foram significativos.

4.4.2 Rendimento da palha (kg ha)$^{-1}$

Os dados apresentados no Quadro 18 e graficamente na Fig. 15 indicam que o rendimento de palha (kg ha^{-1}) da soja foi significativamente influenciado pela configuração do terreno e pelas práticas de gestão dos resíduos da cultura. A média geral de rendimento de palha foi de 3105 kg ha^{-1} .

Efeito das configurações do terreno

No que se refere ao rendimento em palha, os sulcos em leito largo (L2) (3423 kg ha^{-1}) registaram um rendimento em palha significativamente mais elevado do que os leitos planos (L1) (2698 kg ha^{-1}) e foram considerados iguais aos sulcos e camalhões (L3) (3193 kg ha)$^{-1}$

Gestão dos resíduos de culturas

Entre todos os tratamentos de gestão de resíduos de culturas, a aplicação de Resíduos de culturas @ 2,5 T / ha + 10 kg ha^{-1} microrganismo decompositor (CR4) (3530 kg

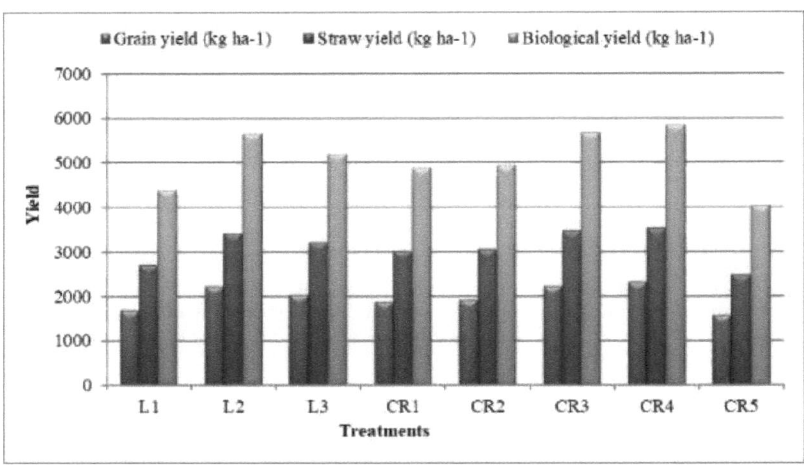

Fig.15: Palha de grãos e rendimento biológico influenciados por vários tratamentos

ha^{-1}) registou um rendimento de palha mais elevado e significativamente superior ao resto dos tratamentos, mas foi estatisticamente igual ao resíduo de cultura @ 2,5 T/ha + 5 kg ha^{-1} microrganismo decompositor (CR3) (3464 kg ha).$^{-1}$

Quadro 18: Rendimento de sementes, palha e biológico (kg ha^{-1}) influenciado por vários tratamentos

Tratamento	Rendimento das sementes (kg ha)$^{-1}$	Rendimento da palha (kg ha)$^{-1}$	Rendimento biológico (kg ha)$^{-1}$	Índice de colheita (%)
Configuração do terreno (L)				
Cama Li-Flat	1683	2698	4381	38.34
L2-Sulco em leito largo	2221	3423	5644	39.28
L3-Sulcos	2026	3193	5199	38.51
S.E. ±	52	59	121	-
C.D. a 5%	240	233	473	-
Gestão de resíduos (CR)				
CRi - Resíduos de culturas @ 1,25 T/ha +5 kg ha^{-1} micro-organismo decompositor	1866	3011	4877	38.23
CR2 - Resíduo de cultura @ 1,25 T /ha + 10 kg ha^{-1} micro-organismo decompositor	1904	3041	4945	38.46
CR3 - Resíduos de culturas @ 2. 5 T/ha +5 kg ha^{-1} micro-organismo decompositor	2210	3464	5674	39.04

CR4 - Resíduo de cultura @ 2,5 T /ha +10 kg ha⁻¹ micro-organismo decompositor	2314	3530	5844	39.38
CR5 - Sem resíduos de culturas	1557	2476	4033	38.45
S.E. ±	79	100	169	-
C.D. a 5%	234	293	492	-
Interação (L x R)				
S.E. ±	137	174	292	-
C.D. a 5%	NS	NS	NS	-
Média geral	1976	3105	5075	38.71

Efeitos de interação

O efeito da interação entre as configurações do terreno e as práticas de gestão dos resíduos das culturas no rendimento da palha não foi significativo.

4.4.3 Rendimento biológico (kg ha)⁻¹

Os dados apresentados no Quadro 18 e representados graficamente na Fig. 15 indicam que o rendimento biológico (kg ha⁻¹) da soja foi significativamente influenciado pela configuração do terreno e pelas práticas de gestão dos resíduos. O rendimento biológico médio foi de 5075 kg ha⁻¹ .

Efeito da configuração dos terrenos

No que diz respeito ao rendimento biológico da soja, os sulcos em leito largo (L2) (5644 kg ha⁻¹) registaram um rendimento biológico significativamente mais elevado do que os leitos planos (L1) (4381 kg ha⁻¹) e foram considerados iguais aos sulcos e camalhões (L3) (5199 kg ha)⁻¹.

Gestão dos resíduos de culturas

Entre todos os tratamentos de gestão de resíduos de culturas, a aplicação de Resíduos de Culturas @ 2,5 T/ha + 10 kg ha⁻¹ microrganismo decompositor (CR4) (5844 kg ha⁻¹) registou um rendimento biológico mais elevado e superior ao resto dos tratamentos. Mas foi estatisticamente igual ao resíduo de cultura @ 2,5 T/ha + 5 kg ha⁻¹ micro-organismo decompositor (CR3) (5674 kg ha⁻¹).

Efeitos de interação

Os efeitos de interação entre as configurações do terreno e as práticas de gestão dos resíduos das culturas no que respeita ao rendimento biológico não foram significativos.

4.4.4 Índice de colheita (%)

Os dados apresentados na Tabela 18 indicaram que o índice médio de colheita da soja foi de 38,71%.

Efeito da configuração dos terrenos

O índice de colheita da soja registado nos sulcos de leito largo (L2) (39,28 %) foi numericamente mais elevado do que nos sulcos de camalhões (L3) (38,51 %) e de leito plano (L1) (38,34 %).

Gestão de resíduos de cobre

Entre todos os tratamentos de gestão de resíduos de culturas, a aplicação de Resíduos de Culturas @ 2,5 T/ha + 10 kg ha⁻¹ micro-organismo decompositor (CR4) (39,38 %) registou um índice de colheita mais elevado do que os restantes tratamentos. No entanto, o índice de colheita mais baixo foi registado pelo tratamento de controlo (CR5) (38,45 %).

4.5 Estudos de humidade

4.5.1 Teor de humidade no solo (%)

Os dados apresentados no Quadro 19 mostram a média do teor de humidade (%) no solo a 0-15 cm de profundidade, com um intervalo de 15 dias. A média geral do teor de humidade na sementeira, 15 DAS, 30 DAS, 45 DAS, 60 DAS, 75 DAS, 90 DAS e na colheita foi de 17.50, 22.80, 20.60, 30.48, 21.87, 26.64, 29.64 e 27.12 %, respetivamente.

Efeito da configuração dos terrenos

Entre todos os tratamentos de configuração do terreno, o sulco de leito largo (L2) registou os valores mais elevados de teor de humidade, seguido de sulcos e camalhões (L3) durante todas as observações a 15 dias de intervalo. No entanto, o menor teor de humidade foi registado na cama plana (L1) em todos os intervalos.

Quadro 19: Teor médio de humidade do solo (%) a 0-15 cm de profundidade influenciado por vários tratamentos de configuração do terreno e de gestão dos resíduos de culturas na soja

Tratamento	Teor de humidade total (%)							
	Na sementeira	Dia após a sementeira						Na colheita
		15	30	45	60	75	90	
Configuração do terreno								
Cama L1-Flat	16.47	20.21	18.01	27.43	19.21	24.32	27.32	24.98
L2-Sulco em leito largo	18.55	24.28	22.08	32.92	23.77	28.16	31.16	28.66
L3-Sulcos	17.48	23.90	21.70	31.10	22.63	27.44	30.44	27.70
Gestão dos resíduos de culturas								
CRi - Resíduos de culturas @ 1,25 T/ha +5 kg ha^{-1} micro-organismo decompositor	17.47	22.60	18.60	29.06	20.50	24.69	27.69	25.74
CR2 - Resíduo de cultura @ 1,25 T /ha + 10 kg ha^{-1} micro-organismo decompositor	17.70	22.32	19.32	29.36	20.73	24.90	27.90	25.93
CR3 - Resíduos de culturas @ 2. 5 T/ha +5 kg ha^{-1} micro-organismo decompositor	17.56	23.87	22.87	32.20	24.03	28.70	31.70	29.30
CR4 - Resíduo de cultura @ 2,5 T /ha +10 kg ha^{-1} micro-organismo decompositor	17.54	22.84	23.84	33.22	24.88	30.29	33.29	30.27
CR5 - Sem resíduos de culturas	17.23	22.36	18.36	28.59	19.20	24.63	27.63	24.33
Média geral	17.50	22.80	20.60	30.48	21.87	26.64	29.64	27.12

Gestão de resíduos de cobre

Entre os tratamentos de gestão de resíduos de culturas, a aplicação de (CR4) Resíduo de culturas @ 2,5 T/ha+10 kg ha^{-1} microrganismo decompositor registou o teor de humidade mais elevado em relação aos restantes tratamentos em diferentes intervalos de tempo, no entanto, os valores mais baixos de teor de humidade foram registados com a aplicação do tratamento CR5 (sem resíduo de culturas) durante todos os intervalos.

4.6 Economia da soja influenciada por vários tratamentos

Os dados sobre o retorno monetário bruto médio (Rs ha^{-1}), retorno monetário líquido (Rs ha^{-1}), custo de cultivo (Rs ha^{-1}), relação B: C e eficiência do uso da água da chuva (Kg/mm/ha) da soja são apresentados na Tabela 20.

4.6.1 Rendimento monetário bruto

A média geral do retorno monetário bruto da soja foi de Rs. 73089 ha^{-1} , conforme apresentado na Tabela 20 e mostrado graficamente na Fig. 16.

Efeito das configurações do terreno

As configurações do terreno tiveram um efeito significativo no rendimento monetário bruto. O sulco em leito largo (L2) registou o maior rendimento monetário bruto em relação ao leito plano (L1). No entanto, foi igual ao tratamento com sulcos (L3).

Gestão de resíduos de cobre

Entre os tratamentos com resíduos de culturas, o retorno monetário bruto apresentou uma diferença significativa. A aplicação de (CR4) Resíduo de cultura @ 2,5 T/ha + 10 kg ha^{-1} microrganismo decompositor registou um retorno monetário bruto mais elevado do que os restantes tratamentos, mas foi equiparado à aplicação do tratamento (CR3) Resíduo de cultura @ 2,5 T/ha + 5 kg ha^{-1} microrganismo decompositor.

Efeitos de interação

Os efeitos de interação das configurações do terreno e da gestão dos resíduos de culturas na soja não foram considerados significativos no que diz respeito aos rendimentos monetários brutos.

Quadro 20: Economia da soja influenciada por diferentes tratamentos

Tratamentos	Rendimento monetário bruto (Rs ha)$^{-1}$	Rendimento monetário líquido (Rs ha)$^{-1}$	Custo de cultivo (Rs ha)$^{-1}$	Rácio B:C	RWUE Kg/mm/ ha
Configurações do terreno					
Cama Li-Flat	62454	25559	36895	1.69	2.43
L2-Sulco em leito largo	82407	44712	37695	2.19	3.20
L3-Sulcos	74405	37110	37295	2.00	2.89
S.E. ±	2266	2266	-	-	-
C.D. a 5%	8896	8896	-	-	-
Gestão de resíduos (CR)					
CRi - Resíduos de culturas @ 1,25 T/ha +5 kg ha^{-1} micro-organismo decompositor	69212	32202	37010	1.87	2.59
CR2 - Resíduo de cultura @ 1,25 T /ha+ 10 kg ha^{-1} micro-organismo decompositor	70651	33141	37510	1.88	2.74
CR3 - Resíduos de culturas @ 2. 5 T/ha +5 kg ha^{-1} micro-organismo decompositor	81979	44469	37510	2.19	3 18
CR4 - Resíduo de cultura @ 2,5 T /ha +10 kg ha^{-1} micro-organismo decompositor	85837	47827	38010	2.26	3.33

CR5 - Sem resíduos de culturas	57765	21330	36435	1.59	2.24
S.E. m +	2979	2979	-	-	-
C.D. a 5%	8695	8695	-	-	-
Interação (T*L)					
S.E. m +	5159	5159	-	-	-
C.D. a 5 %	NS	NS	-	-	-
Média geral	73089	35794	37295	1.96	2.84

4.6.2 Rendimentos monetários líquidos

Os dados sobre o retorno monetário líquido influenciado pelos diferentes tratamentos são apresentados no quadro 20 e representados graficamente na Fig. 16. O valor médio geral do retorno monetário líquido foi de 35794 Rs ha^{-1} .

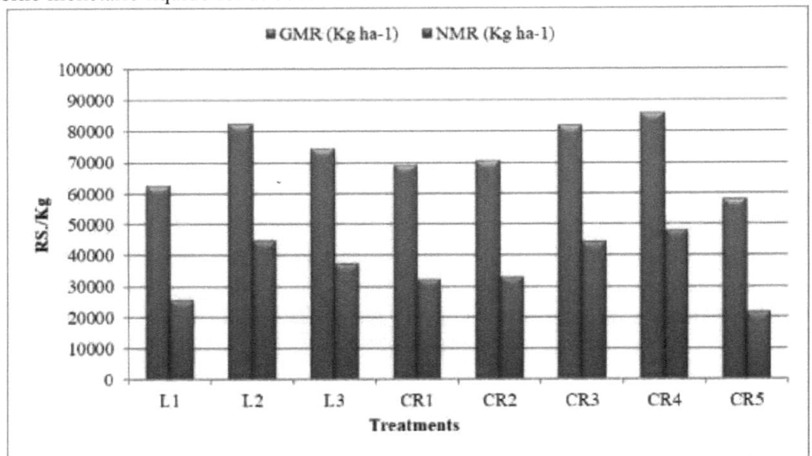

Fig.16: Rendimento monetário bruto (Rs ha^{-1}) e rendimento monetário líquido (Rs ha^{-1}) da soja, influenciados por vários tratamentos

Efeito das configurações do terreno

Os rendimentos monetários líquidos foram significativamente influenciados pelos tratamentos de configuração do terreno. A configuração do terreno em sulco de leito largo (L2) registou rendimentos monetários líquidos significativamente mais elevados e foi considerada significativamente superior à configuração em leito plano (L1). Ao passo que a configuração de sulcos e camalhões (L3) foi a mesma.

Gestão dos resíduos de culturas

Os diferentes tratamentos de gestão de resíduos de culturas registaram retornos monetários líquidos significativos. A aplicação de (CR4) Resíduos de culturas @ 2,5 T /ha + 10 kg ha^{-1} microrganismo decompositor registou retornos monetários brutos significativamente mais elevados e significativamente superiores aos restantes tratamentos. No entanto, foi igual ao (CR3) Resíduo de cultura @ 2,5 T/ha + 5 kg ha^{-1} micro-organismo decompositor.

Efeitos de interação

Os efeitos de interação entre as configurações do terreno e as práticas de gestão dos resíduos das culturas não foram considerados significativos no que diz respeito aos rendimentos monetários líquidos.

4.6.3 Custo da cultura

O custo de cultivo da soja sob várias configurações de terra e práticas de gestão de resíduos de culturas é apresentado na tabela 20. A média geral do custo de cultivo foi de 37295 Rs ha^{-1}
.

Efeito das configurações do terreno

Considerando o custo de cultivo, o sulco em leito largo (L2) exigiu mais custos de cultivo do que o sulco em cumeeira (L3) e o leito plano (L1).

Gestão dos resíduos de culturas

No que diz respeito ao custo de cultivo, a aplicação de (CR4) Resíduos de culturas @ 2,5 T /ha + 10 kg ha^{-1} microrganismo decompositor exigiu um custo mais elevado do que os restantes tratamentos em estudo.

4.6.4 Rácio B: C

Os dados relativos ao rácio B: C são apresentados no quadro 20: o rácio B: C médio dos vários tratamentos foi de 1,96.

Efeito das configurações do terreno

O sulco em leito largo (L2) registou o rácio B: C mais elevado do que o sulco de cristas (L3). No entanto, o menor rácio B: C mais baixa da soja foi registada no sulco de leito plano (L1).

Gestão dos resíduos de culturas

No que diz respeito ao custo de cultivo, a aplicação de (CR4) Resíduo de cultura @ 2,5 T /ha + 10 kg ha^{-1} microrganismo decompositor registou uma relação B: C mais elevada do que os restantes tratamentos. No entanto, o valor mais baixo foi registado pelo tratamento CR5 (sem resíduos de culturas).

4.6.5 Eficiência do uso da água da chuva (Kg/mm/ha)

A Tabela 20 representa a eficiência do uso da água da chuva nos vários tratamentos. A média geral da eficiência do uso da água da chuva foi de 2,84 Kg/mm/ha.

Efeito das configurações do terreno

Os dados revelaram que a eficiência da utilização da água da chuva foi mais elevada no tratamento de sulco de leito largo (L2) do que em cumeeiras e sulcos (L3). No entanto, a cama plana (L1) registou a menor eficiência de utilização da água da chuva.

Gestão de resíduos de cobre

Entre todos os tratamentos de gestão de resíduos de culturas, a aplicaçãc de (CR4) Resíduos de culturas @ 2,5 T /ha + 10 kg ha^{-1} microrganismo decompositor registou a maior eficiência de utilização da água da chuva em relação aos restantes tratamentos. No entanto, a eficiência mais baixa de utilização da água da chuva foi registada no tratamento CR5, ou seja, sem resíduos de culturas.

CAPÍTULO V

DISCUSSÃO

A presente investigação, intitulada "Estudos sobre a configuração do terreno e a gestão de resíduos de culturas na soja (*Glycine max* (L.)Merrill)", foi realizada durante a época de *kharif* de 2019 na quinta experimental, Departamento de Agronomia, Vasantrao Naik Marathwada Krishi Vidyapeeth, Parbhani. Os resultados obtidos através desta investigação são discutidos neste capítulo com referência ao efeito da configuração do terreno e das práticas de gestão dos resíduos de culturas no crescimento, no rendimento e na economia da soja. Foi feita uma tentativa de apoiar as presentes conclusões com as razões prováveis disponíveis e a literatura relevante.

5.1 Solo

As análises mecânicas e químicas do solo (Quadro 1) revelaram que o solo da parcela experimental era preto médio profundo, de textura argilosa, com baixo teor de azoto disponível (195,50 kg ha^{-1}), médio teor de fósforo disponível (12,90 kg ha^{-1}) e rico em potássio (470,70 kg ha).$^{-1}$

5.2 Tempo

Os dados sobre os parâmetros meteorológicos prevalecentes durante a presente investigação (Quadro 3) revelaram que a precipitação total recebida durante o período de crescimento da cultura foi de 694 mm e distribuída por 39 dias de chuva de junho a outubro. A distribuição da precipitação foi normal para o crescimento da cultura da soja. Em geral, as condições climáticas foram favoráveis ao crescimento da soja.

A temperatura média máxima e mínima durante o período de crescimento das culturas foi de 35,5^0 C e 16,3^0 C, respetivamente, o que foi ótimo para o crescimento das plantas. Do mesmo modo, a humidade relativa média máxima e mínima das horas da manhã e da noite variou entre 60 e 96% e 85 e 35%, respetivamente, durante o período experimental.

Houve suficientes horas de sol brilhante durante o período de experimentação. A maior acumulação de matéria seca pode ser atribuída a uma maior duração do dia e radiação. A chuva recebida imediatamente após a sementeira da cultura ajudou a uma melhor germinação e a um bom stand inicial da cultura. Em geral, os parâmetros climáticos foram favoráveis ao melhor crescimento da soja. Os efeitos cumulativos de todos estes factores resultaram numa produção normal de sementes.

5.3 Semeadura

A sementeira da soja foi efectuada em 27-06-2019. Durante o período de crescimento da cultura, a precipitação máxima mensal total de 297 mm foi recebida no mês de setembro e a precipitação mínima de 91 mm foi recebida no mês de junho. O crescimento foi satisfatório devido à humidade suficiente no solo recebida através da precipitação na fase de sementeira. Por esta razão, o crescimento das culturas foi favorecido e foram alcançados bons rendimentos.

5.3.1 Contagem de emergência e estande final de plantas

Os dados apresentados no quadro 6 revelam que a contagem média de emergência no estabelecimento da cultura foi uniforme. Da mesma forma, o estande final de plantas na colheita não foi influenciado significativamente por vários tratamentos ou suas interações, o que indica que as diferenças no rendimento de sementes obtidas foram devidas aos efeitos do tratamento e não à população de plantas.

5.3.2 Crescimento geral das culturas

O crescimento da cultura em geral pode ser compreendido se uma série de processos fisiológicos envolvidos forem vistos de forma crítica em várias fases de crescimento. Os atributos de crescimento e rendimento registados em diferentes fases de crescimento são observados de perto, registados e discutidos aqui num relance.

A primeira fase de crescimento da soja foi iniciada a partir da sementeira até aos 30 dias, em que o crescimento foi lento no que respeita à altura da planta, ao número de folhas da planta^{-1} , ao número de ramos da planta^{-1} , à área foliar da planta^{-1} e à acumulação total de matéria seca da planta^{-1} .

A altura das plantas aumentou continuamente até à colheita. A taxa de aumento da altura da planta foi rápida até 60 dias após a semeadura e comparativamente estável na fase posterior do crescimento da cultura. A altura da planta foi de 15,55 cm aos 30 dias e aumentou para 29,14 cm aos 45 dias, aumentou ainda mais para 37,15 cm aos 60 dias e aos 75 dias foi de 41,63, enquanto que novamente a maior altura da planta, que foi encontrada na colheita, foi de 47,31 cm. Isso indica uma taxa de crescimento mais rápida da soja entre 30-60 dias.

O número de folhas (21,65) e a área foliar (17,94 dm^2) da planta^{-1} foram máximos aos 75 DAS e reduzidos depois devido à senescência.

O número de ramos da planta^{-1} aumentou a partir dos 45 DAS (2,42) até à colheita. O número máximo de ramos da planta^{-1} na colheita foi de 4,33.

A acumulação de matéria seca da planta^{-1} foi de 1,72 g aos 30 dias, tendo aumentado continuamente até à colheita (14,76 g).

A taxa de aumento do número de vagens da planta^{-1} foi máxima entre 60-90 dias (29,85 a 30,07) e o número máximo de vagens da planta^{-1} foi registado na colheita, ou seja, 30,56.

5.4 Efeito do tratamento

Para avaliar os efeitos dos tratamentos, a extensão do crescimento e os caracteres que contribuem para o rendimento da soja foram registados em diferentes períodos de crescimento.

5.4.1 Efeito da configuração dos terrenos

O efeito das configurações do terreno foi profundo em todas as fases de crescimento da cultura na altura da planta (Quadro 7). Foram observadas diferenças significativas em vários caracteres de crescimento e rendimento, rendimentos de grãos e palha ha^{-1} devido a várias configurações de terreno. O tratamento L2 (sulco em leito largo) produziu mais altura de planta do que o L3 (cristas e sulco) e o L1 (leito plano). Isto pode ser devido à cama de sementes favorável, ao arejamento, à maior conservação da água no sulco de cama larga e ao crescimento inicial vigoroso que resultou numa maior altura da cultura. Estes resultados estão em conformidade com os resultados de Baskaran (2003), Karande (2006) e Jadhav *et al.* (2017).

O número de folhas funcionais da planta^{-1} (Quadro 8) aumentou rapidamente até aos 75 DAS e diminuiu depois até à maturidade devido à senescência das folhas. O tratamento L2 (sulco em leito largo) demonstrou a sua superioridade em relação a todos os tratamentos, produzindo um maior número de folhas por planta^{-1} . Resultados semelhantes foram obtidos por Rudrawar (2007).

O número de ramos da planta^{-1} diferiu entre os diferentes tratamentos (Quadro 9). A configuração do terreno L2 (sulco de leito largo) registou o número máximo de ramos de plantas^{-1} em todas as fases de crescimento da cultura do que L3 (cumes e sulcos) e o tratamento L1 (leito plano) registou o número mais baixo de ramos de plantas^{-1} . Isso pode ser devido à maior altura da planta e ao crescimento vegetativo da soja cultivada no BBF. Além disso, o espaço disponível para as linhas laterais no BBF foi maior do que no sistema de sulcos e camas planas. Isto foi apoiado por uma maior conservação da água e uma ramificação vigorosa nas plantas cultivadas em BBF. Resultados semelhantes foram registados por Baskaran (2003) e Karande (2006).

Área foliar da planta^{-1} aumentou rapidamente até aos 75 DAS e diminuiu gradualmente até à maturidade da cultura devido à senescência das folhas (Quadro 10). O efeito profundo dos métodos de configuração do terreno na área foliar foi encontrado em todos os estágios de crescimento. Observou-se que o tratamento L2 (sulco em leito largo) teve uma planta com área foliar máxima^{-1} (dm^2) do que L3 (cumeeiras e sulco) e L1 (leito plano). Isto pode ser devido a um crescimento global favorável e a um maior número de folhas funcionais produzidas no tratamento L2 (sulco em leito largo) que, por sua vez, resultou numa maior área foliar da planta^{-1}. Resultados semelhantes foram registados por Rudrawar (2007).

Entre os índices de crescimento, a AGR (altura da planta e matéria seca) e a RGR (matéria seca) aumentaram até aos 31-45 DAS, diminuindo gradualmente até à colheita da cultura. Os valores de AGR e RGR foram mais elevados com o tratamento de (L2) sulco de cama larga RGR aos 31-45 DAS, aumentando depois até aos 46-60 DAS e diminuindo gradualmente depois disso até à colheita, enquanto a cama plana registou os valores mais baixos de AGR e RGR.

O número de vagens da planta^{-1} aumentou continuamente até à maturidade (Quadro 11). No entanto, o aumento do número de vagens foi rápido durante os 60 a 75 DAS e abrandou a partir daí. Em todas as fases de crescimento da cultura, a configuração do terreno L2 (sulco de leito largo) registou o número máximo de plantas de vagens^{-1} em relação aos tratamentos L3 (cumes e sulco) e L1 (leito plano). O aumento do número de plantas de vagens^{-1} deve-se ao bom crescimento da cultura, o que pode ter resultado numa maior translocação de material alimentar para a parte reprodutiva, o que também se reflecte na superioridade dos caracteres de rendimento. O aumento do número de ramos, o maior crescimento reprodutivo e a conversão de flores em vagens, com o apoio de uma maior conservação da humidade do solo no período de pico da iniciação das vagens, podem ter resultado num maior número de vagens por planta. Resultados semelhantes foram observados por Kadam (2015), Jadhavet *al.,* (2017) e Bhadreet *al.*(2019).

Acumulação total de matéria seca (g) planta^{-1} aumentou rapidamente até 75 DAS e diminuiu gradualmente depois disso até à maturidade (Quadro 12). A taxa de aumento da matéria seca (g planta^{-1}) foi comparativamente lenta durante 30 a 45 DAS e rápida durante 46 a 75 DAS, o que se deveu ao grande crescimento da cultura com o número máximo de folhas, ramos e vagens durante este período. O método de configuração do terreno L2 (sulco em leito largo) registou uma maior acumulação de matéria seca do que o L3 (sulcos e camalhões) e o L2 (leito plano) na soja. Isto deve-se a um crescimento luxuoso e a atributos de crescimento mais elevados registados em BBF do que nas restantes configurações de terreno e, por conseguinte, à acumulação global de matéria seca.

reflecte-se numa matéria seca mais elevada na cultura plantada com BBF. Resultados semelhantes foram observados por Karande (2006).

Peso de vagens da planta^{-1} e número de sementes da planta^{-1} na (Tabela 17) indicam que os valores mais altos foram obtidos quando a cultura de soja foi semeada com o método de configuração de solo L2 (sulco de leito largo) do que com outras configurações de solo, ou seja, L3 (cumes e sulco) e L1 (leito plano). Os atributos de crescimento mais elevados, seguidos de uma maior síntese e translocação de material alimentar para a fonte, podem ter resultado num tamanho de semente mais arrojado e, por conseguinte, num maior peso da planta de vagens[-1] . O efeito das configurações do terreno nos atributos de rendimento está em consonância com os relatórios de Kadam (2015), Jadhav *et al.*, (2017) e Bhadre *et al.*(2019).

O efeito das configurações do terreno no índice de sementes não foi significativo. O sulco de leito largo (L2) registou o índice mais elevado do que as cristas e o sulco (L3) e o leito plano (L1). Os resultados semelhantes foram registados por Kadam (2015), Jadhav *et al.* (2017) e Bhadre *et al.*(2019).

O método de plantio em sulco de leito largo (L2) teve um efeito profundo no rendimento de sementes, palha e biológico (kg ha[-1]), conforme apresentado na Tabela (18). O aumento no rendimento de sementes kg ha[-1] foi atribuído ao aumento dos parâmetros de crescimento e atributos de rendimento da soja. Isso pode ser devido ao crescimento geral mais favorecido e aos caracteres de atribuição de rendimento devido à cama de sementes favorável, melhor aeração, espaço para mais espaço, intercetação de luz, benefício de mais umidade conservada em sulcos e seu apoio em estágios críticos de crescimento como floração, iniciação e desenvolvimento de vagens. Isto resultou em valores mais elevados de caracteres que atribuem rendimento e que, por sua vez, resultaram em rendimentos mais elevados da cultura da soja. Estes resultados estão correlacionados com os trabalhos de Patel *et al.*(2009), Kadam (2015), Jadhav *et al.*(2017) e Bhadre *et al.*(2019).

O rendimento biológico foi influenciado significativamente pelas configurações do terreno. O tratamento L2 (sulco em leito largo) registou o rendimento biológico máximo, seguido dos tratamentos L3 (cumes e sulcos) e L1 (leito plano). Foi observada uma tendência semelhante no caso do rendimento em palha por hectare[-1] . Resultados semelhantes foram registados por Kadam (2015), Jadhav *et al.* (2017) e Bhadre *et al.* (2019).

No tratamento de configuração do terreno, observou-se um teor de humidade mais elevado (Quadro 18), em percentagem, no tratamento L2 (sulco de leito largo) do que nos tratamentos L3 (cumes e sulco) e L1 (leito plano). Resultados semelhantes foram registados por Shelke *et al.* (1998).

As práticas de configuração do terreno tiveram um efeito profundo nos rendimentos monetários brutos, nos rendimentos monetários líquidos, na relação benefício/custo e na RWUE, como se pode ver no Quadro 20 O tratamento L2 (sulco em leito largo) registou rendimentos monetários brutos mais elevados, rendimentos monetários líquidos, relação benefício/custo e RWUE. Seguiram-se os tratamentos L3 (sulcos e cristas) e L1 (cama plana). Isto pode ser devido à cama de sementes favorável, ao crescimento precoce favorecido e à conservação da humidade no tratamento cama larga e sulco, em comparação com os tratamentos cumes e sulco e abertura de sulco, o que resultou num rendimento mais elevado e, por conseguinte, acabou por dar um NMR e uma relação B:C mais elevados. Os resultados estão de acordo com os resultados de Kadam (2015), Kamble *et al.* (2016) e Jadhav *et al.* (2017).

Quadro 21: Extrato de informação relevante sobre o efeito de várias configurações do terreno no crescimento, rendimento e características de atribuição de rendimento da soja

Sr. Não.	Particularidades	Configurações do terreno		
		Li	L2	L3
1	Altura média da planta na colheita (cm)	39.59	47.39	45.79
2	Número máximo de folhas funcionais da	19.73	23.08	22.13

	planta^{-1} a 75DAS			
3	Área foliar máxima da planta^{-1} (dm^2) aos 75 DAS	15.70	19.29	18.89
4	Número máximo de ramos na planta de colheita^{-1}	3.43	4.51	4.29
5	Matéria seca máxima da planta^{-1} na colheita (g)	9.46	13.42	12.41
6	Número máximo de vagens da planta^{-1}	26.97	33.29	31.74
8	Peso da planta da vagem^{-1} (g)	5.60	6.79	6.30
9	Peso Planta de semente^{-1} (g)	4.41	5.70	5.21
10	100 peso das sementes ou índice de sementes	6.76	6.47	6.34
11	Rendimento das sementes (kg ha)$^{-1}$	1683	2221	2026
12	Rendimento da palha (kg ha)$^{-1}$	2698	3423	3193
13	Rendimento biológico (kg ha)$^{-1}$	4381	5644	5199
14	Teor de humidade (%) aos 15 DAS	20.21	24.28	23.90
15	Teor de humidade (%) na colheita	24.98	28.66	27.70

5.4.2 Práticas de resíduos de culturas

O efeito das práticas de gestão de resíduos de culturas foi profundo em todas as fases de crescimento da cultura (Quadro 7). Foram observadas diferenças significativas em vários caracteres de crescimento e rendimento, rendimentos de sementes e palha kg/ha^{-1} devido a várias práticas de resíduos de culturas. O tratamento CR4 (aplicação de Resíduo de Cultura @ 2,5 T/ha +10 kg ha^{-1} micro-organismo decompositor) produziu mais altura de planta do que o CR3 (Resíduo de Cultura @ 2,5T/ha +5 kg ha^{-1} micro-organismo decompositor), CR2 (Resíduo de Cultura @ 1.25 T/ha + 10 kg ha^{-1} decomposing microorganism) e CR1 (Crop Residue @ 1.25 T/ha + 5 kg ha^{-1} decomposing microorganism)enquanto que, o tratamento CR5 (sem resíduo de cultura) registou a menor altura. Isso pode ser devido à cama de sementes favorável, aeração, maior conservação de água devido às práticas de resíduos de culturas e crescimento vigoroso inicial resultou em maior altura da cultura. Estes resultados estão em conformidade com os resultados de Shelar e Khandekar (2013) e Jadhav *et al.*(2017).

O número de folhas funcionais da planta^{-1} aumentou rapidamente até 75 DAS e diminuiu depois disso até a maturidade devido à senescência das folhas (Tabela 8). A aplicação de resíduo de cultura @ 2,5 T/ha + 10 kg ha^{-1} decomposing microorganism (CR4)produziu mais folhas^{-1} do que a aplicação de resíduo de cultura @ 2.5 T/ha + 5 kg ha^{-1} microrganismo decompositor (CR3), Resíduo de Colheita @ 1,25 T/ha + 10 kg ha^{-1} microrganismo decompositor (CR2) e Resíduo de Colheita @ 1,25 T/ha + 5 kg ha^{-1} microrganismo decompositor (CR1). O tratamento em que não foram adicionados resíduos de culturas (CR5) registou os valores mais baixos. Isso pode ser devido ao crescimento geral favorável e ao maior número de folhas funcionais. Resultados semelhantes foram obtidos por Shelar e Khanekar (2013).

O número de ramos da planta^{-1} foi significativamente afetado com os diferentes tratamentos de gestão de resíduos de culturas (Tabela 9). O tratamento CR4 (aplicação de resíduos de culturas @ 2,5 T /ha + 10 kg ha^{-1} microrganismo decompositor) produziu o maior número de ramos da planta^{-1} do que o CR3 (resíduos de culturas @ 2.5 T/ha + 5 kg ha^{-1} decomposing microorganism),CR2 (Crop Residue @ 1.25 T/ha + 10 kg ha^{-1} decomposing microorganism) e CR1 (Crop Residue @ 1.25 T/ha + 5 kg ha^{-1} decomposing microorganism). Por outro lado, o tratamento CR5 registou os valores mais baixos. Isso pode ser devido à maior altura da planta e ao crescimento vegetativo das plantas e à maior conservação da água. Resultados semelhantes foram registados por Patil *et al.* (2010) e Bharti *et al.*(2009) e Shelar e Khanekar (2013).

Área foliar da planta[-1] aumentou rapidamente até 75 DAS e diminuiu gradualmente até a maturidade da cultura devido à senescência das folhas (Tabela 10). O efeito profundo dos resíduos de culturas na área foliar foi encontrado em todos os estágios de crescimento. Tratamentos (CR4) aplicação de Resíduo de Cultura @ 2.5 T /ha + 10 kg ha[-1] micro-organismo decompositor produzido na produção de maior área foliar da planta[-1] do que (CR3) Resíduo de Cultura @ 2.5 T/ha + 5 kg ha[-1] microrganismo decompositor seguido de (CR2) Resíduo de cultura @ 1,25 T/ha + 10 kg ha[-1] microrganismo decompositor e (CR1) Resíduo de cultura @ 1,25 T/ha + 5 kg ha[-1] microrganismo decompositor e (CR5) controlo registou o valor mais baixo. Isto pode dever-se a um crescimento global favorável e a um maior número de folhas funcionais produzidas no tratamento. Resultados semelhantes são relatados por Bharti *et al.* (2009) e Patil *et al.* (2010).

Entre os índices de crescimento, a AGR (altura da planta e matéria seca) e a RGR (matéria seca) foram de natureza crescente desde os 31 DAS até à colheita da cultura. Os valores de AGR e RGR foram mais elevados com o tratamento de aplicação de resíduos de culturas @ 2,5 T /ha + 10 kg ha[-1] decomposição de microorganismos (CR4). Por outro lado, os valores mais baixos de AGR e RGR foram registados no tratamento em que não foram aplicados resíduos de culturas (CR5).

O número de vagens da planta[-1] aumentou continuamente até à maturidade (Quadro 11). No entanto, o aumento do número de vagens[-1] foi rápido durante 60 a 75 DAS e abrandou depois disso. Em todas as fases de crescimento da cultura, a aplicação de resíduos de culturas a 2,5 T/ha + 10 kg ha de microrganismos decompositores[-1] (CR4) produziu um número significativamente mais elevado de plantas de vagens[-1] , com valores iguais aos da aplicação de resíduos de culturas a 2,5 T/ha + 5 kg ha de microrganismos decompositores[-1] (CR3) e superior a todos os outros tratamentos. O aumento do número de vagens da planta[-1] deve-se ao crescimento superior da cultura, o que pode ter resultado numa maior translocação de material alimentar para a parte reprodutiva, o que também se reflectiu na superioridade dos caracteres que atribuem rendimento. O maior número de ramos, o maior crescimento reprodutivo e a conversão de flores em vagens, com o apoio de uma maior conservação da humidade do solo no período de pico da iniciação das vagens, podem ter resultado num maior número de vagens[-1] . Resultados semelhantes foram observados por Pradhan *et al.* (2018).

Planta de acumulação de matéria seca total[-1] (g) aumentou rapidamente até 75 DAS e gradualmente a taxa de acumulação de matéria seca diminuiu depois disso até à maturidade (Quadro 12). A taxa de aumento da matéria seca (g planta[-1]) foi comparativamente lenta durante 30 a 45 DAS e foi rápida durante 46 a 75 DAS, o que foi devido ao grande crescimento da cultura com o número máximo de folhas, ramos e vagens durante este período. O tratamento CR4 (aplicação de resíduo de cultura @ 2,5 T /ha + 10 kg ha[-1] decomposição de microorganismos) produziu maior matéria seca total da planta[-1] do que o CR3 (resíduo de cultura @ 2.5 T/ha + 5 kg ha[-1] decomposing microorganism)seguido por CR2(CropResidue @ 1.25 T/ha + 10 kg ha[-1] decomposing microorganism) e CR1(Crop Residue @ 1.25 T/ha +5kg ha[-1] decomposing microorganism). Enquanto que o tratamento CR5 (sem resíduos de culturas) registou os valores mais baixos. Isto deve-se ao crescimento luxuoso e aos atributos de crescimento mais elevados registados. Resultados semelhantes foram observados por Shelar e Khanekar (2013).

O peso das vagens da planta^{-1} e o número de sementes da planta^{-1} foram maiores, quando a cultura da soja recebeu o tratamento CR4 (aplicação de resíduo de cultura @ 2,5 T/ha + 10 kg ha^{-1} micro-organismo decompositor), do que o tratamento CR3 (resíduo de cultura @ 2.5 T/ha + 5 kg ha^{-1} microrganismo decompositor) seguido do tratamento CR2 (Resíduo de cultura @ 1,25 T/ha + 10 kg ha^{-1} microrganismo decompositor) e CR1 (Resíduo de cultura @ 1,25 T/ha + 5 kg ha^{-1} microrganismo decompositor) (Tabela 17). O tratamento CR5 (sem resíduos de culturas) registou os valores mais baixos. Os atributos de crescimento mais elevados seguidos de mais síntese e translocação de material alimentar para a fonte podem ter resultado em tamanho de semente ousado e, portanto, mais peso da planta de vagens^{-1} .Wei al.(2010), Jadhav et al.(2017) e Pradhan et al.(2018).

O efeito das práticas de gestão de resíduos de culturas na planta de peso de sementes^{-1} foi considerado significativo (Tabela 17). O tratamento com aplicação de Resíduo de Cultura @ 2,5 T/ha + 10 kg ha^{-1} micro-organismo decompositor produziu maior peso de semente (CR4) do que Resíduo de Cultura @ 2,5 T/ha + 5 kg ha^{-1} micro-organismo decompositor (CR3), seguido por Resíduo de Cultura @ 1,25 T/ha + 10 kg ha^{-1} micro-organismo decompositor (CR2) e Resíduo de Cultura @ 1,25 T/ha + 5 kg ha^{-1} micro-organismo decompositor (CR1). O tratamento CR5 (sem resíduos de culturas) registou os valores mais baixos. O melhor crescimento geral, o desenvolvimento com o apoio da humidade do solo conservada e uma melhor drenagem e bom arejamento após as tempestades de chuva podem ter-se refletido numa planta com maior peso de sementes^{-1} . Resultados semelhantes foram registados por Wei et al.(2010), Jadhav et al.(2017) e Pradhan et al.(2018).

Rendimento de sementes, rendimento de palha e rendimento biológico (kg ha^{-1}) como apresentado na Tabela (18) mostrou diferenças significativas devido à aplicação de diferentes tratamentos de resíduos de culturas. O tratamento CR4 (aplicação de resíduo de cultura @ 2,5 T/ha + 10 kg ha^{-1} micro-organismo decompositor) produziu maior rendimento de sementes, rendimento de palha e rendimento biológico do que o resíduo de cultura @ 2,5 T/ha + 5 kg ha^{-1} micro-organismo decompositor (CR3), seguido por resíduo de cultura @ 1.25 T/ha + 10 kg ha^{-1} microrganismo decompositor (CR2) e Resíduo de Colheita @ 1.25 T/ha + 5 kg ha^{-1} microrganismo decompositor (CR5) e os valores mais baixos foram registados quando o resíduo de colheita não foi aplicado (CR1). O aumento no rendimento de sementes kg ha^{-1} foi atribuído ao aumento dos parâmetros de crescimento e atributos de rendimento da soja. Isso pode ser devido ao crescimento geral mais favorecido e aos caracteres que atribuem rendimento devido à cama de sementes favorável, melhor aeração, espaço para mais espaço, intercetação de luz, benefício de mais umidade conservada em sulcos e seu apoio em estágios críticos de crescimento como floração, iniciação e desenvolvimento de vagens. Isto resultou, em última análise, em valores mais elevados de caracteres que atribuem rendimento e que, por sua vez, resultaram em rendimentos mais elevados da cultura da soja. Estes resultados estão correlacionados com o trabalho de Jamiret al. (2015). Shelar e Khanekar (2013) e Pradhan et al.(2017).

O rendimento biológico foi influenciado significativamente pelas práticas de resíduos de culturas (Quadro 18). A aplicação de Resíduo de Cultura @ 2,5 T/ha + 10 kg ha^{-1} microrganismo decompositor (CR4) produziu rendimentos biológicos mais elevados do que Resíduo de Cultura @ 2,5 T/ha + 5 kg ha^{-1} microrganismo decompositor (CR3), seguido pela aplicação de Resíduo de Cultura @ 1.25 T/ha + 10 kg ha^{-1} microrganismo decompositor (CR2) e Resíduo de cultura @ 1,25 T/ha + 5 kg ha^{-1} microrganismo decompositor (CR1) e os valores mais baixos foram registados quando o resíduo de cultura não foi aplicado (CR1). A mesma tendência foi observada no caso da produção de palha por hectare. Resultados semelhantes foram registados por Shelar e Khanekar (2013) e Pradhan *et al.*(2018).

As práticas de resíduos de culturas tiveram um efeito profundo nos retornos monetários brutos, retornos monetários líquidos, rácio benefício: custo e RWUE, conforme indicado na Tabela 20. O tratamento (CR4), que consiste na aplicação de resíduos de culturas a 2,5 T/ha + 10 kg ha^{-1} de microrganismos decompositores, registou retornos monetários brutos, retornos monetários líquidos, rácio benefício/custo e RWUE mais elevados do que o tratamento (CR3), que consiste na aplicação de resíduos de culturas a 2.5 T/ha + 5 kg ha^{-1} microrganismo decompositor, (CR2) Resíduo de cultura @ 1,25 T/ha + 10 kg ha^{-1} microrganismo decompositor e (CR1) Resíduo de cultura @ 1,25 T/ha + 5 kg ha^{-1} microrganismo decompositor enquanto o tratamento CR1registou valores mais baixos. Isto pode ser devido ao crescimento precoce favorecido e à conservação da humidade no tratamento em relação aos restantes tratamentos, o que resultou num rendimento mais elevado e, por conseguinte, em última análise, deu maior NMR e relação B: C. Este resultado semelhante foi relatado por Jamir *et al.* (2015) e Jadhav *et al.* (2017).

Entre as práticas de resíduos de culturas, observou-se um teor de humidade mais elevado em percentagem com o tratamento (CR4) de aplicação de resíduos de culturas @ 2,5 T/ha − 10 kg ha^{-1} microrganismo decompositor do que (CR3) resíduos de culturas @ 2.5 T/ha + 5 kg ha^{-1} microrganismo decompositor, (CR2) Resíduo de cultura @ 1,25 T/ha + 10 kg ha^{-1} microrganismo decompositor e (CR1) Resíduo de cultura @ 1,25 T/ha + 5 kg ha^{-1} microrganismo decompositor. Enquanto que o tratamento (CR5) registou os valores mais baixos. Isto pode ser devido à conservação da humidade no tratamento de aplicação de Resíduos de culturas @ 2,5 T /ha + 10 kg ha^{-1} microrganismo decompositor sobre os restantes tratamentos de Resíduos de culturas que resultaram em maior teor de humidade. Os resultados estão de acordo com os resultados de Dubey *et al.* (1993) e Gajera *et al.* (1998).

Quadro 22: Extrato de informação relevante sobre o efeito de várias formas de gestão de resíduos de culturas no crescimento, rendimento e características de rendimento da soja

Sr. Não.	Particularidades	Práticas de gestão dos resíduos de culturas				
		CRi	CR2	CR3	CR4	CR5
1.	Altura média da planta na colheita (cm)	41.14	42.67	43.18	49.18	40.99
2	Número máximo de folhas funcionais da planta^{-1} a 75DAS	20.64	20.99	23.24	24.60	19.31
3	Área foliar máxima da planta^{-1} (dm^2) aos 75 DAS	16.67	16.98	19.08	20.42	16.57
4	Número máximo de ramos da planta^{-1} na colheita	3.82	3.90	4.39	4.52	3.75
5	Matéria seca máxima da planta^{-1} na colheita (g)	10.73	10.92	12.96	13.61	10.59
7	Número máximo de vagens da planta^{-1}	30.27	30.71	31.26	32.32	28.76
8	Peso da planta da vagem^{-1} (g)	5.61	5.92	7.04	7.63	4.92
9	Peso Planta de semente^{-1} (g)	4.88	4.94	5.71	5.88	4.14
10	100 peso das sementes ou índice de sementes	6.39	6.31	6.80	6.88	5.98
11	Rendimento das sementes (kg ha)$^{-1}$	1866	1904	2210	2314	1557
12	Rendimento da palha (kg ha)$^{-1}$	3011	3041	34.64	3530	2476

13	Rendimento biológico (kg ha $)^{-1}$	4877	4945	5674	5844	4033
14	Teor de humidade (%) aos 15 DAS	22.60	22.32	23.87	22.84	22.36
18	Teor de humidade (%) na colheita	25.74	25.93	29.30	30.29	24.33

CAPÍTULO VI

RESUMO E CONCLUSÕES

Foi realizada uma experiência de campo intitulada "Estudos sobre a configuração do terreno e a gestão de resíduos de culturas na soja (*Glycine max* (L.) Merrill)" no Departamento de Agronomia, Vasantrao Naik Marathwada Krishi Vidyapeeth, Parbhani, durante a *kharif* 2019. O campo experimental foi nivelado e bem drenado. O solo do campo experimental era preto de profundidade média, textura argilosa, médio em carbono orgânico, baixo em nitrogênio disponível (195,50 kg ha^{-1}), fósforo (12,90 kg ha^{-1}) e alto em potássio (470,70 kg ha^{-1}). As condições ambientais prevalecentes durante o período experimental foram favoráveis ao crescimento e desenvolvimento normal da cultura da soja.

A experiência foi efectuada num esquema de parcelas divididas com três repetições, consistindo em quinze combinações de tratamentos. As práticas de configuração do terreno consistiam em leito plano (L1), sulco em leito largo (L2), cumeeiras e sulcos (L3) e cinco tratamentos sobre práticas de gestão de resíduos de culturas: resíduo de culturas @1,25T/ha + 5 kg ha^{-1} microrganismo decompositor (CR1), resíduo de culturas@ 1.25 T/ha +10 kg ha^{-1} microrganismo decompositor (CR2), Resíduo de cultura @ 2,5 T/ha + 5 kg ha^{-1} microrganismo decompositor (CR3), Resíduo de cultura @ 2,5 T/ha + 10 kg ha^{-1} microrganismo decompositor (CR4) e sem resíduo de cultura (CR5) foram incluídos na investigação.

Foram também registados os componentes do crescimento e do rendimento, para além do rendimento em grão, em palha e biológico. A economia foi calculada. As conclusões mais importantes deste estudo são resumidas a seguir.

6.1 Efeito da configuração do terreno

As práticas de configuração do terreno influenciaram significativamente os caracteres de crescimento importantes: altura da planta, número de folhas funcionais da planta^{-1} , área foliar da planta^{-1} , acumulação total de matéria seca da planta^{-1} , número de ramos da planta^{-1} e número de vagens da planta^{-1} e também o rendimento e o carácter de atribuição do rendimento e o teor de humidade do solo.

1. A contagem de emergência e a população final de plantas não foram influenciadas significativamente pelas diferentes práticas de configuração do terreno.

2. A altura da planta, o número de folhas da planta^{-1} , a área foliar da planta^{-1} , o número de ramos da planta^{-1} e a acumulação de matéria seca^{-1} foram significativamente mais elevados no sulco de leito largo do que nos sulcos e na plataforma plana.

3. Os dados sobre os índices de crescimento, nomeadamente AGR, RGR e LAI, indicaram que o sulco em leito largo registou valores mais elevados de AGR, RGR e LAI.

4. Os caracteres que contribuem para o rendimento, nomeadamente, o peso das vagens da planta^{-1} , o rendimento das sementes da planta^{-1} , o número de sementes da planta^{-1} e o peso das sementes, bem como o rendimento das sementes, o rendimento da palha, o rendimento biológico e o índice de colheita foram significativamente superiores no sulco de leito largo do que nos sulcos e sulcos e na plataforma.

5. O estudo da humidade revelou que a utilização da prática de sulco em leito largo (L2) registou um teor de humidade mais elevado (%), seguida da prática de sulcos e camalhões (L3) e da prática de leito plano (L1).

6. O rendimento monetário bruto e líquido e o rácio B: C mais elevados foram obtidos com o sulco em leito largo, seguido dos sulcos e da plataforma plana.

7. A eficiência da utilização da água da chuva foi mais elevada nas práticas de sulco em

leito largo (L2) do que em sulcos (L3) e leito plano (L1).

6.2 Efeito das práticas de gestão dos resíduos de culturas

As práticas de gestão de resíduos de culturas influenciaram significativamente os caracteres de crescimento importantes, nomeadamente, a altura da planta, o número de folhas funcionais da planta^{-1}, a área foliar da planta^{-1}, a acumulação total de matéria seca da planta^{-1}, o número de ramos da planta^{-1} e o número de vagens da planta^{-1}, bem como o rendimento e o carácter de atribuição do rendimento.

1. A contagem de emergência e a população final de plantas não foram influenciadas significativamente pelas diferentes práticas de gestão de resíduos de culturas.

2. A altura da planta, o número de folhas funcionais da planta^{-1}, a área foliar da planta^{-1}, a acumulação total de matéria seca da planta^{-1}, o número de ramos da planta^{-1} e o número de vagens da planta^{-1} foram significativamente mais elevados na aplicação de microrganismos decompositores de resíduos de culturas @ 2,5 T/ha + 10 kg ha^{-1} (CR4) em relação aos restantes tratamentos.

3. Os dados sobre os índices de crescimento, nomeadamente AGR, RGR e LAI, indicaram que a aplicação de resíduos de culturas a 2,5 T/ha + 10 kg ha^{-1} aplicação de microrganismos decompositores (CR4) registou mais valores de AGR, RGR e LAI do que os restantes tratamentos.

4. Os caracteres que atribuem rendimento, como o peso da planta de vagens^{-1}, a planta de rendimento de sementes^{-1}, o número de plantas de sementes^{-1}, o peso da semente e também o rendimento de grãos, o rendimento de palha, o rendimento biológico, o índice de colheita foram registados significativamente superiores na aplicação de resíduos de culturas @ 2,5 T /ha + 10 kg ha^{-1} decompondo microorganismos (CR4) sobre o resto dos tratamentos.

5. O estudo da humidade revelou que a aplicação de resíduos de culturas a 2,5 T/ha + 10 kg ha^{-1} micro-organismo decompositor (CR4) registou um teor de humidade (%) mais elevado do que os restantes tratamentos.

6. O maior retorno monetário bruto e líquido e o rácio B: C foram registados na aplicação de Resíduos de Culturas @ 2,5 T/ha + 10 kg ha^{-1} microrganismo decompositor (CR4) do que os restantes tratamentos.

7. A eficiência da utilização da água da chuva foi mais elevada na aplicação do tratamento CR4, ou seja, Resíduos de culturas @ 2,5 T/ha + 10 kg ha^{-1} microrganismo decompositor do que nos restantes tratamentos.

6.3 Conclusão

Foi realizada uma experiência de campo durante o *kharif* -2019 para estudar o efeito da configuração do terreno e da gestão dos resíduos de culturas no desempenho da soja.

Entre os tratamentos de configuração do terreno, o sulco em leito largo registou atributos de crescimento mais elevados, rendimento e carácter que contribui para o rendimento, GMR, NMR, rácio B: C e eficiência de utilização da água da chuva do que o sulco em cumeeira e o leito plano.

Entre as práticas de gestão de resíduos de culturas, a aplicação de Resíduos de Culturas @ 2,5 T/ha + 10 kg ha^{-1} microrganismo decompositor registou atributos de crescimento mais elevados, rendimento e caracteres que contribuem para o rendimento, GMR, NMR, Rácio B: C e eficiência de utilização da água da chuva do que outros tratamentos.

Em geral, conclui-se que para obter o máximo rendimento, retornos líquidos, relação B: C e eficiência do uso da água da chuva, a soja deve ser semeada em sulco de leito largo e resíduos de culturas @ 2,5 T/ha + 10 kg ha^{-1} micro-organismo decompositor deve ser aplicado.

As conclusões são tiradas com base na experimentação de uma estação. Por conseguinte, é necessário efetuar mais experiências para confirmar os resultados.

LITERATURA CITADA

Anónimo, (2018). - Estimativa de área, produção e produtividade pela associação de processadores de soja da Índia (SOPA) durante 2018-19. *www.sopa.org* (Data- 8/5/2019).

Arora, V. K., Singh, C. B., Sidhu, A. S., e Thind, S. S. (2011). Irrigação, lavoura e efeitos de cobertura morta no rendimento da soja e produtividade da água em relação à textura do solo. *Agricultural Water Management*, 98(4), 563- 568.

Baskaran, R., Solaimalai, A., e Subburamu, K. (2003). Efeito das técnicas de recolha de água e das práticas IPM na produtividade do amendoim de sequeiro. *Crop Research Hisar,* 26(3), 424-428.

Behera, U. K. e Sharma A. R. (2010). Avaliação de diferentes configurações do terreno para uma maior produtividade e eficiência do controlo de ervas daninhas na soja. *Journal of Soil and Water Conservation* 9(1), 13-16.

Bhadre, C. K., Narkhede, W. N., e Gokhale, D. N. (2019). Crescimento, rendimento e economia da sequência de cultivo de soja-cártamo, influenciados por diferentes configurações de terra e gerenciamento de nutrientes. *Journal of Pharmacognosy and Phytochemistry*, 8(1), 169-173.

Bharti, P., Chorey, A. B., Deshmukh, M. R., e Karunakar, A. P. (2009). Effect of mulching and land configuration on growth and yield ofsoybean. *Annals of Plant Physiology*, 23(1), 86-88.

Bheemappa, A., Meti, S.K., e Hanchal, S.N. (1994). Effectiveness of broad bed furrow method of groundnut cultivation as perceived by farmers. *Karnataka Journal Agriculture cience,* 7(2), 205-210.

Blackman, V.H., (1919). A lei dos juros compostos e o crescimento das plantas. *Annals of Botany,* 33, 353-360.

Chavan, V. S., Gaikwad, C. B., e Jadav, V. T. (1999). Response of kharif groundnut to irrigation and planting layouts. *Journal Maharashtra Agricultural Univarsity*, 24, 223-24.

Chen XiJing e ShuiJianGuo (1996). Os efeitos da cobertura morta durante o período seco na retenção da humidade do solo, na emergência de plântulas e no rendimento da soja de outono. *Ata Agriculturae Zhejiangensis,* 8(3), 137-140.

Das, A., Ghosh, P. K., Verma, M. R., Munda, G. C., Ngachan, S. V., e Mandal, D. (2015). Efeito da lavoura e da cobertura morta de resíduos na produtividade do sistema de cultivo de milho (*Zea mays*) -Toria (*Brassica campestris*) no ecossistema frágil do nordeste dos Himalaias indianos. *Agricultura Experimental*, 51(1), 107.

Dubey, M.P., Mishra, P.C. e Purohit, J.P. (1993). Influência da cobertura morta na cultura dupla de soja precoce (Glycine max L.) e linhaça (Linum usitatissium L.) em condições de sequeiro. *Indian Journal Agronomy*, 38(3), 361-364.

Dwivedi, R. S., Wani, S. P., Ramana, K. V., Vadivelu, A., Navalgund, R. R., e Pande, A. B. (2002). Spatial distribution of rainy season fallows in Madhya Pradesh: potential for increasing productivity and minimizing land degradation. Water, Soil and Agro biodiversity Management for Ecosystem Health Report no. 3.

Gajera, M.S., Ahlawat, R. P. S. e Ardeshna, R. B. (1998). Efeito do calendário de irrigação, da profundidade da lavoura e da cobertura vegetal no crescimento e na produção de ervilha-de-angola de inverno (*Cajanus cajanL.*). *Indian Journal Agronomy*, 43(4), 689-693.

Hanum, C. (2018). Crescimento, rendimento e movimento de nutrientes fosfatados na soja com fertilizante P, cobertura morta de palha e diferença de espaçamento entre plantas. Na *série de conferências IOP: Ciências da Terra e do Ambiente*, Vol. 122, P:012051.

Jackson, M.L. (1973). Soil chemical Analysis. Prentice-Hall of India Private Ltd., *Nova Deli*: 38-214.

Jadhav. J. A., Patil D. B. e P. G. Ingole (2011). Efeito da mecanização com diferentes configurações de terreno na economia e energia da soja. *Intentat Journai Forestry and Crop Improvement.* 2(1), 78-80.

Jadhav, M. B., Kumbhar, M., Patel, M. V., e Shitap, M. S., (2017). Efeitc da configuração do terreno e das coberturas vegetais no crescimento, rendimento e economia do amendoim de verão. *Tendências em Biociências,* 10(27), 0974-8431, 5798

Jamir, I., Singh, A., Jamir, Z., e Prakash, P. (2015). Efeito da cobertura morta de palha e antitranspirantes no rendimento e na qualidade da soja (Glycine max L. Merril) *The Bioscan,* 11(1), 635-639.

Jat, L. N., e Singhi, S. M. (2003). Adequação varietal, produtividade e rendibilidade das culturas intercalares de trigo (*Triticum aestivum*) e culturas de substituição em sistema de canteiros elevados irrigados por sulcos. *Jornal Indiano de Ciências Agrícolas,* 73(4), 187-190.

Jayapaul, P., Uthayakumar, B., Devasagayam, M. M., Pandian, B. J., Palchamy, A., e Balakrishnan, A. (1996). Efeito dos métodos de configuração do terreno, dos regimes de irrigação e das alterações de conservação da humidade do solo no rendimento da soja (*Glycine max* L. Merril) e nos caracteres de qualidade. *Crop research-hisar-*, 1(1), 253-257.

Kadam, A. K. (2015). Efeito da disposição dos terrenos e dos níveis de nutrientes no crescimento, rendimento e qualidade da soja (Glycine max L. Merrill) em condições de sequeiro (Dissertação de Doutoramento, Vasantrao Naik Marathwada Krishi Vidyapeeth, Parbhani).

Kamble, A. S., Waghmode, B. D., Sangekar, V. V., Navhale, V. C. e Mahadkar, U. V. (2016). Efeito da configuração do terreno e da cobertura morta na produtividade e no uso de energia no amendoim. *Revista Indiana de Agronomia,* 61(4), 489494.

Kantwa, S. R., Ahlawat, I. P. S., e Gangaiah, B. (2005). Effect of land configuration, post-monsoon irrigation and phosphorus on performance of sole and intercropped pigeon pea (Cajanus cajan). *Indian Journal of Agronomy*, 50(4), 278-280.

Karande, S. V., Khot, R. B., e Hankare, R. H. (2006). Efeito da disposição e da integração de nutrientes no rendimento e na absorção de nutrientes do grão-de-bico. *Journal Maharashtra Agricultural Universities*, 31(3), 370.

Khambalkar, V. P., Nage, S. M., Rathod, C. M., Gajakos, A. V., e Dahatonde, S. (2010). Semeadura mecânica de cártamo em sulco de leito largo. *Australian Journal of Agricultural Engineering*, 1(5), 184.

Khambalkar, V. P., Waghmare, N. N., Gajakos, A. V., Karale, D. S., e Kankal, U. S. (2014). Desempenho do plantador de sulco de cama larga na estação de inverno de culturas de terra seca. *Jornal Internacional de Engenharia Agrícola*, 23(1), 14-22.

Krishna, A., e Ramanjaneyulu, A. V. (2012). Impacto da configuração do terreno, irrigação vitalícia e consórcio no rendimento e na economia das principais culturas de sequeiro na zona sul de Telangana de Andhra Pradesh, Índia. *Jornal Internacional de Bio-Recursos e Gestão do Stress,* 3(3), 317-323.

Lakpale, R., e Tripathi, R. S. (2012). Método de sementeira em sulco de leito largo e em cumeeira e sulco sob diferentes taxas de sementes de soja (Glycine max L.) para áreas de elevada pluviosidade das planícies de Chhattisgarh. *Soybean Research*, 10, 52-59.

Li, Z., Lai, X., Yang, Q., Yang, X., Cui, S., e Shen, Y. (2018). Em busca de práticas sustentáveis de lavoura e cobertura de palha a longo prazo para um sistema de rotação milho-trigo de inverno-soja no Planalto Loess da China. *Pesquisa de Culturas de Campo*, 217, 199-210.

Maan, C. S., e Singh M. (2009). Efeitos benéficos da cobertura morta na cultura da soja. *Atualização Agrícola*, 4(1/2), 1-2.

Meena, V. K., e Karel, A. S. (2013). Efeito da disposição do terreno e da profundidade da irrigação no cártamo (Carthamus tinctorius L.) na região de Marathwada Maharashtra. *Agricultura para o Desenvolvimento Sustentável*, 1, 1-6.

Nagavallemma, K. P., Wani, S. P., Reddy, M. S., e Pathak, P. (2005). Effect of land form and soil depth on productivity of soybean-based cropping systems and erosion losses in Vertic Inceptisols. *Indian Journal of Soil Conservation*, 33(2), 132-136.

Obalum, S. E., Igwe, C. A., Obi, M. E., e Wakatsuki, T. (2011). Uso da água e resposta do rendimento de grãos da soja de sequeiro às práticas de lavoura-mulch no sudeste da Nigéria. *Scientia Agricola*, 68(5), 554-561.

Olsen, S. R., Cole, G. V., Watenable, F. S. e Dean, L. A. 1954. Estimation of available phosphorus in soil by extraction with sodium bicarbonate (Estimativa do fósforo disponível no solo por extração com bicarbonato de sódio). *United State Department Agriculture*. 939(19).

Paliwal, D. K., Kushwaha, H. S., e Thakur, H. S. (2011). Performance of soybean (Glycine max)-wheat (Triticum aestivum) cropping system under land configuration, mulching and nutrient management. *Indian Journal of Agronomy*, 56(4), 334-339.

Panse, V. G. e Sukhatme, P.V. (1967). Statistical methods for Agricultural Workers. ICAR, Nova Deli.

Patel, K. B., Tandel, Y. N., e Arvadia, M. K. (2009). Efeito da irrigação e da configuração do terreno no crescimento, rendimento e qualidade do grão-de-bico *[Cicerarietinum* (L)] em vertisol do sul de Gujarat. *Jornal Internacional de Ciências Agrícolas*, 5(1), 295-296.

Patil, B., Pongde, S. M., Suryapujary, S. M., e Chorey, A. B. (2010). Efeito da cobertura vegetal e da configuração do terreno na utilização da humidade, na eficiência da utilização da humidade e no rendimento da soja (*Glycine max* L.). *Ciência Asiática*, 5(1), 1-4.

Patil, S. L., M. N. Sheelavantar, e V. S. Surkod. (2000). Grain yield and Economics of Rabi sorghum as influenced by in- situ moisture conservation practices and integrated nutrient management in semi-arid Vertisols. *Indian Journal Dry land Agril. Res. Develope,*15(2), 98-103.

Pawar, D. D., Dingre, S. K.,e Nimbalkar, A. L. (2013). Influência de diferentes horários de irrigação e configurações de terra no crescimento e rendimento do grão-de-bico. *Journal of Agriculture Research and Technology*, 38(1), 107112.

Pawar, M. B. (2000). Efeito da quantidade orgânica, da disposição dos campos e das pulverizações de fertilizantes foliares no crescimento e rendimento do amendoim de verão cv. Koyana (B-95). Tese de Mestrado (*Agri.*) apresentada a Mahatma Phule Krishi Vidyapeeth, Rahuri, (M.S.), Índia.

Pendke, M. S., Ramteke, R. T., e Jadhav, S. N. (2000). Gestão do solo e energia para a conservação da água da chuva no algodão. *Journal of Maharashtra Agricultural Universities*, 25(1), 91-93.

Piper, C. S. (1966). Análise do solo e das plantas. *Hans Publication Bombay*, 19-136.

Pradhan, J., Baliarsingh, A., Pasupalak, S., e Mohapatra, A. K. B. (2018). Efeito de diferentes programações de irrigação e cobertura morta na produtividade do amendoim (*Arachis hypogaea* L.) da planície costeira leste e sudeste de Odisha. *The Pharma Innovation Journal*, 7(10), 689-691

Ram, H. e Kler, D. S. (2007). Análise do crescimento da soja [*Glycine max* (L.) Merrill] e do trigo (*Triticum aestivum* L.) em sequência, sem mobilização do solc e com plantação permanente em canteiros elevados. *Indian Journal of Ecology*, 34,154-57.

Raut, V. M., Taware, S. P., Halvankar, G. B., e Varghese, P. (2000). Comparação de diferentes métodos de sementeira na soja. *Journal of Maharashtra Agricultural Universities*, 25(2): 218-219.

Richards, F. J. (1969). A análise quantitativa do crescimento. In: Plant physiology: A Treatise (Ed. por F. C. Steward), pp. 3-76. *Academic Press, Nova Iorque e Londres.*

Rudrawar, P. P. (2007) Studies on in situ moisture conservation and nutrient management in soybean (Doctoral dissertation, Vasantrao Naik Marathwada Krishi Vidyapeeth, Parbhani).

Sekhon, N. K., Hira, G. S., Sidhu, A. S., e Thind, S. S. (2005). Response of soybean (Glycine max Mer.) to wheat straw mulching in different cropping seasons. *Soil Use and Management*, 21(4): 422-426.

Shelar, D. N. e Khandekar, B. S. (2013). Desempenho das práticas de conservação da humidade no crescimento e rendimento da soja (Glycine max. L.). *Asian Journal Soil Science*, 8(2), 283-285.

Shelke, D. K., Oza S. R., Narkhade, W. N., e Bhole, V. M. (1998). On farm water management in vertisols opportunities and challenges. Seminário sobre produção agrícola sustentável em Vertissolos, organizado pelo ISA, Capítulo de Parbhani, de 7 a 8 de fevereiro, na MAU Parbhani, pp. 18.135.

Shivran, R. K., Pratapsingh e Ummed Singh. 2016. Produtividade, uso de água e rentabilidade do grão-de-bico como 3: 4th *Congresso Internacional de Agronomia*, 22-26 de novembro de 2016.

Singh, D., Vyas, A. K., Gupta, G. K., Ramteke, R., e Khan, I. R. (2011). Máquina semeadora de sulcos de leito largo puxada por trator para superar o stress hídrico da soja (Glycine max) em vertisols. *Indian Journal Of Agricultural Science*, 81(10), 941.

Singh, G. (2009). Efeitos das coberturas de palha de trigo e estrume de curral na superação do efeito de crosta, melhorando a emergência, o crescimento e o rendimento da soja e reduzindo a matéria seca das ervas daninhas. *Revista Internacional de Investigação Agrícola*, 4(12), 418-424.

Steiner, J. L. (1994). Efeitos dos resíduos de culturas na conservação da água *Managing Agricultural Residue, 76.*

Subbaih, B. V. e Asija, G. L. (1956). Procedimento rápido para a estimativa do azoto disponível no solo *Current Science.* 125: 259-260.

Sundermeier, A. P., Islam, K. R., Raut, Y., Reeder, R. C., e Dick, W. A. (2011). Continuous No Till Impacts on Soil Biophysical Carbon Sequestration. *Soil Science Society of American Journal*, 75(5): 1779-1788.

Tumbare, A. D., e Bhoite, S. U. (2003). Effect of moisture conservation techniques cn growth and yield of pearl millet-chickpea cropping sequence in a water shed. *Indian Journal of Dry land Agriculture and Research Development, 18*, 149-151.

Waghmare, N. N., Khambalkar, V. P., e Gangde, C. N. (2013). Teste de avaliação do cultivador entre linhas no método de sulco de leito largo de semeadura *para* culturas Kharif. *Jornal Internacional de Engenharia Agrícola*, 6(1). 208-212.

Wei, S., Hao, C., Ma, S., e Liu, J. (2010). O efeito do plantio direto e da cobertura morta de palha no crescimento da soja. *Jornal de Ciências Agrícolas de Henan*, (9): 29-31.

I want morebooks!

Buy your books fast and straightforward online - at one of world's fastest growing online book stores! Environmentally sound due to Print-on-Demand technologies.

Buy your books online at
www.morebooks.shop

Compre os seus livros mais rápido e diretamente na internet, em uma das livrarias on-line com o maior crescimento no mundo! Produção que protege o meio ambiente através das tecnologias de impressão sob demanda.

Compre os seus livros on-line em
www.morebooks.shop

info@omniscriptum.com
www.omniscriptum.com

Printed by Books on Demand GmbH, Norderstedt / Germany